D1722544

 2012

Verlag Podszun-Motorbücher GmbH
Elisabethstraße 23-25, D-59929 Brilon
Herstellung Druckhaus Cramer, Greven
Internet: www.podszun-verlag.de
Email: info@podszun-verlag.de

ISBN 978-3-86133-644-0

Gerhard Aust

50 Jahre

TRAMIRA

Transportbeton

PODSZUN
spezial

Vorwort

Liebe Leserin, lieber Leser!

Aufgrund des 50-jährigen Jubiläums der Firma TRAMIRA, die bereits am 19. Dezember 1961 gegründet wurde, kam der Gedanke auf, eine Chronik dieses traditionsreichen Unternehmens zu veröffentlichen. Mit Hilfe ehemaliger Mitarbeiter und der Firmenleitung trug ich innerhalb eines Jahres etliche Berichte und Bilder zusammen und verfasste dieses Buch.

Mein herzlicher Dank gilt folgenden Personen und Firmen, die mich bei der Arbeit an diesem Buch unterstützt haben: Oliver und Silvia Aust, Rüthen; Hans-Christian Anderson, Minden; Karl-Heinz Deterding, Bückeburg; Kurt Kornienka, Porta Westfalica; Karl-Heinz Wiegmann, Petershagen-Heimsen; Klaus Riechmann, Minden, der 42 Jahre im bei der TRAMIRA tätig war und seit 2006 im Ruhestand ist; Stadtarchiv Minden; Mindener Tageblatt; Kreis Minden-Lübbecke, Kataster- und Vermessungsamt; Liebherr Mischtechnik, Bad Schussenried; Putzmeister, Aichtal.

Und jetzt viel Vergnügen bei der Lektüre und beim Betrachten der Bilder.

Ihr Gerhard Aust

Autor

Gerhard Aust, Jahrgang 1967, begann nach der Schulzeit eine Ausbildung zum KFZ-Mechaniker, die er erfolgreich abschloss. Danach vier Jahre Dienst bei der Bundeswehr. Seit 1994 Mitarbeiter der TRAMIRA. Mit Einsätzen auf dem TRAMIRA-Betonier-Express, auf verschiedenen Fahrmischern, auf dem Saugschiff im Kieswerk und auf dem Mischturm lernte er die wesentlichen Bereiche des Unternehmens kennen. Im Jahr 2004 erhielt er einen neuen Fahrmischer, ein Mercedes-Benz Actros 2632 mit sechs Kubikmeter Aufbau von Stetter, den er bis Juni 2011 fuhr. Dann wechselte er auf einen MAN 32.400 mit acht Kubikmeter Aufbau von Liebherr. In seiner Freizeit widmet er sich dem Modellbau im Maßstab 1:87 und dem Fotografieren historischer und neuzeitlicher Lkw aller Art.

„Mörtel oder Beton als einbaufähiges Material auf die Baustelle zu bringen, dürfte zweifellos einen großen Vc teil darstellen." Dieser Satz aus dem Jahr 1872 wird dem britischen Ingenieur Deacon zugeschrieben. Realisie wurde dieser „große Vorteil" für die Bauausführung dann in Deutschland. In den 80er Jahren des 19. Jahrhu derts transportierten Handwerker in der Märkischen Heide Vormörtel mit Pferdefuhrwerken auf die Bauste len in und um Berlin. Dort wurde dieser Vormörtel unmittelbar vor dem Einbau zu Beton veredelt. Jürgen Hi rich Magens gelang es schließlich, ein direkt für den Einbau geeignetes Gemisch aus Kies, Sand, Zement u Wasser auf die Baustelle zu liefern: Der erste Transportbeton! 1925, nach dem Tod von Magens, endet vore die Transportbetonzeit in Deutschland.

Nach dem 2. Weltkrieg wurden wirtschaftlichere und leistungsstärkere Fahrzeuge für den Transport er wickelt. 1954 wurden in Deutschland die ersten zwei Transport-Werke in Köln und Stuttgart gegründ Anfang der 1960er Jahre war die Bautätigkeit auch im Raum Minden sehr groß. Der Beton konnte nur n mobilen Mischanlagen auf der Baustelle mit sehr geringer stündlicher Leistung hergestellt werden. Zu dies Zeit setzten sich einige Baustoffhändler aus dem Raum Minden und Umgebung zusammen und machten si Gedanken über die Optimierung der Lieferung von Transportbeton, denn der war in Großstädten und B lungsgebieten inzwischen sehr gefragt.

Am 19. Dezember 1961 wurde der Gesellschaftervertrag zur Gründung der TRAMIRA Transportbeto werk Minden-Ravensberg GmbH & Co KG im Hotel „Der Kaiserhof" in Porta Westfalica unterzeichnet.

In diesem Traditionshaus, erbaut 1890, wurde 1961 der Vertrag unterzeichnet   Quelle: Archiv Hotel Kaiserh

– Beglaubigte Abschrift –

Verhandelt

zu Barkhausen a.d. Porta am 19. Dezember 19 61

Vor mir, dem unterzeichneten Notar

Dr. jur. Helmut Schöning
in Minden

der ich mich auf Ersuchen im Hotel " der Kaiserhof " in Barkhausen a.d.Porta begeben hatte,
erschienen heute:

1. der Baustoffhändler Emil Bade, Minden, Königstrasse 115 a,
2. der Baustoffhändler Heinrich Bastert, Eidinghausen, Hauptstrasse 153,
3. der Prokurist Wilhelm Büsching, Minden, Friesenstrasse 1,
4. der Baustoffhändler August Brinkmeyer, Vlotho- Bonneberg 104, handelnd für die Firma Gebr. Brinkmeyer, Vlotho
5. der Kaufmann Hermann Eickmeier, Holzhausen Krs. Lübbecke, Bahnhofstrasse 162, handeln für die Firma Wilhelm Dreisörner oHG, Baustoffgrosshandlung in Holzhausen Krs. Lübbecke.
6. der Baustoffhändler Hermann Hamke, Mennighüffen in Westf., Lübbeckerstr. 270,

– 2 –

7. der Baustoffhändler Hermann Fiebig aus Wulferdingsen Nr. 398, handelnd für die Firma H. Köster & Co., K.G., Wulferdingsen,
8. der Baustoffhändler Ernst Siebe, Lübbecke, Osnabrückerstr. 41,
9. der Baustoffhändler Heinrich Steinbrink, Volmerdingsen 373,
10. der Kaufmann Walter Stremming, Minden i.W., Kuckuckstr. 43,
11. der Kaufmann Martin Biesang, Bad Oeynhausen, Grüner Weg 13, handelnd für die Firma Vereinigte Baustoffhändler Karl Wiegand, K.G., Bad Oeynhausen,
12. der Dipl.-Ing. Hubert Holtkötter, Bad Oeynhausen, Goethestr. 7, handelnd für die Firma Wesergesellschaft m.b.H. & Co. KG., in Minden, Viktoriastr. 21,
13. der Baumeister Wilhelm Dreyer aus Kleinendorf, Krs. Lübbecke, Nr. 49, handelnd für die Firma H. Wlecke & Co., Baugeschäft und Baustoffhandlung in Kleinendorf,
14. die Geschäftsführerin Frieda Wlecke aus Rahden, Weherstr. 35,
15. der Kaufmann Karl Rehling aus Rahden, Weherstr. 43.

Minden (Westf), den 19.12.1961

Teile vom Gesellschaftervertrag

Das erste Transportbetonwerk im hiesigen Raum wurde 1962 gebaut. In Leteln auf dem Kieswerksgelände von Otto Kändler, der auch Lieferant für den Rohstoff war, wurde der neue Liebherr Mischturm, ein Mark 2, in Stahlkonstruktion errichtet und am 29. Mai 1962 in Betrieb genommen. Es standen vier Fahrmischer zur Verfügung. Nach kurzen Anlaufschwierigkeiten, der Markt musste ja erst erschlossen werden, weil der Transportbeton in der Region etwas Neues war, wuchs der Umsatz kontinuierlich an. Seitdem waren die rot-gelben Fahrmischer aus dem Straßenverkehr nicht mehr wegzudenken.

Pressespiegel

Von einem Mann elektronisch gesteuert: Erstes Transportbetonwerk in unserem Kreise nahm die Produktion auf

Leteln (tsch) Nach zweimonatiger Bauzeit nahm gestern das Transportbetonwerk Minden-Ravensberg (TRAMIRA) seine erste Anlage in unserer Gemeinde in Betrieb. Es entstand ein etwa 20 Meter hoher moderner Mischturm mit einem Durchmesser von sechs Metern. Er enthält Silos für Beton und Zuschlagstoffe und im unteren Teil den Mischer. Das Werk ist im Raume Minden einmalig. Das Unternehmen selbst ist erst vor zwei Monaten durch Zusammenschluß von 16 Baustoffhändlern aus dem hiesigen Raum gegründet worden.

Der gesamte Arbeitsgang zur Herstellung von Frischbeton vollzieht sich im Turm und wird von einem Mann elektronisch gesteuert. Die Arbeitsleistung der Anlage ist sehr hoch. Stündlich können bis zu 50 cbm Fertigbeton hergestellt werden. Spezialfahrzeuge fahren ihn dann an die Baustellen im Umkreis von 30 Straßenkilometern. Herstellung und Qualität des Betons werden ständig vom kommunalen Prüfungsamt Bielefeld überwacht.

Der Transportbeton hat sich auch in Deutschland seit ungefähr sieben Jahren immer mehr durchgesetzt, nachdem man in anderen Ländern, wie den USA, den skandinavischen Staaten und in Holland, gute Erfahrungen mit ihm gemacht hat. Vor allem im Straßen-, Hoch- und Brückenbau wird der Transportbeton in erhöhtem Maße verwendet.

Die Vorzüge für den Bauunternehmer liegen besonders in der Qualität, der Einsparung von Arbeitskräften sowie Material- und Lagerkosten. Außerdem kann der Frischbeton voll ausgenutzt werden, ohne dass unbrauchbare Restmengen auf der Baustelle zurückbleiben.

Quelle: Stadtarchiv Minden, Mindener Tageblatt vom 30. Mai 1962

ben: Der Beton ist auch mit einem Zweiachser Betonmischer zu den Baustellen transportiert worden.
nten: In dem kleinen Dreieck vor der Trommel läuft die Kette für den Mischerantrieb, denn dieser ahrmischer hatte noch keinen Hydraulikantrieb

Quelle: Karl Heiz Deterding

Will Bakes

KOMMUNALES PRÜFAMT FÜR BAUSTATIK BIELEFELD
FÜR DEN REGIERUNGSBEZIRK DETMOLD

Tagebuch-Nr.:

Stadt Bielefeld · Prüfamt für Baustatik · 48 Bielefeld, Postfach 181

TRAMIRA 48 Bielefeld · Altstädter Kirchstraße 12

Gesehen: .... : 63001, 63011, 63411
Erledigt .... Nebenstelle :
                                  Sprechstunden : dienstags und donnerstags
                                  von 8 bis 12 Uhr
                                  dienstags
                                  auch von 15.30 bis 16.30 Uhr

An die
Kreis- un d Stadtbauämter

im Regierungsbezirk D e t m o l d

Ihr Schreiben vom	Ihr Zeichen	Unser Zeichen	Datum

Betrifft: 26. August 1963

Verwendung von Transportbeton

(RdErl. d. Ministers für Landesplanung, Wohnungsbau und öffentliche Arbei=
ten vom 21. 11. 1961 - II B 2 - 2.75 Nr. 1679/61) .

Am 1. August 1963 wurde Ihnen vom Kommunalen Prüfamt für Baustatik
Bielefeld mitgeteilt, dass von den zur Zeit im Regierungsbezirk Detmold
bestehenden 14 Transportbetonwerken dem Bauministerium 7 Werke, bei
deren Überprüfung sich keine Beanstandungen ergeben haben, gemäss Punkt
7.5 der " Vorläufigen Richtlinien für die Herstellung und Lieferung von
Transportbeton " gemeldet worden sind. Als 8. Werk, das den Bedingungen
der " Vorläufigen Richtlinien " entspricht, ist dem Bauministerium jetzt
das

Transportbetonwerk Minden - Ravensberg G. m. b. H. & Co
K. -G. (Tramira) in Minden - Leteln

genannt worden.

Kommunales Prüfamt
für Baustatik
B i e l e f e l d
Baustoffprüfstelle

(Dr.-Ing. Vehmeier)
Städt. Oberbaurat

Dokument: Kommunales Prüfamt für Baustatik Bielefeld   Quelle : Archiv TRAMIRA

Bereits 1964 beteiligte sich TRAMIRA an der TRASTA Transportbeton-Gesellschaft Stadthagen und an der TRANSBETON Transportbeton-Gesellschaft in Löhne. Im Jahr 1969 ging man zudem eine Kooperation mit der TRABETO Transportbeton in Lübbecke ein. Die Beteiligung an der TRASTA Stadthagen ist in den Achtiger Jahren aufgelöst worden.

Der Bedarf an Transportbeton nahm stetig zu, sodass die Kapazitäten mit Sand und Kies schneller ausgeschöpft waren als angenommen. Daher entschloss sich die TRAMIRA 1966 zum Neubau eines Betonwerkes. Das neue Werk sollte eine eigene Rohstoff Versorgung haben. So kaufte man ein bereits bestehendes Kieswerk von den Mitteldeutschen Sand und Kieswerken in Porta Westfalica Ortsteil Barkhausen. Das Werk lag an der B 61 unterhalb Gut Wedigenstein in verkehrsgünstiger Lage. Das Kieswerk ist nahezu von Grund auf überholt worden. Das Betonwerk durfte auf dem Gelände unter Vorbehalt gebaut werden. Es musste jeder Zeit zurückzubauen sein, denn der Verlauf der Bundesstraße 61 von Bad Oeynhausen nach Porta Westfalica sollte verlegt werden und hätte anschließend über das Gelände der TRAMIRA geführt. Doch die Baumaßnahmen der B 61 sind heute, bis auf eine kleine Änderung in Barkhausen, noch immer im Verlauf unverändert geblieben.

Der Kreis der ersten Gesellschafter der TRAMIRA bestand, wie bereits erwähnt, aus Baustoffhändlern und wurde zwischenzeitlich durch die Aufnahme von Bauunternehmern aus der Region verstärkt.

Kurz vor dem Umzug nach Barkhausen ging am 9. März 1967 das Bürogebäude in Leteln in Flammen auf. Sämtliche Geschäftsunterlagen wie Kundendaten und Lieferscheine wurden hierbei vernichtet. Am 14. Juli 1967 wurde das zweite modernere Werk in Porta Westfalica Barkhausen in Betrieb genommen. Auch dieser Mischturm entstand in Stahlbauweise. Der Mischer war ein Krupp Fischerdick Produkt mit 2250 Liter Fassungsvermögen, etwa 1972 ist der Mischer gegen einen größeren Mischer mit 3750 Liter ersetzt worden.

Beim Betonieren einer Brücke in Hille sind innerhalb von 24 Stunden zwei Fahrmischer durch unglückliche Fahrmanöver außer Betrieb gesetzt worden. Der Anfahrtsweg ging über enge Straßen im Hiller Moor.

Mischturm in Barkhausen

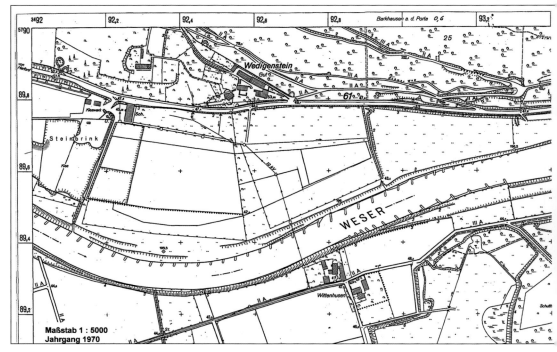

Quelle: Geobasisdaten: Kreis Minden-Lübbecke, Kataster- und Vermessungsamt 11-BSN-015

Pressespiegel

Mietwagenfahrer entdeckte Brand: Bürogebäude der TRAMIRA zerstört, 150 000 DM Sachschaden

Leteln (y) Am Donnerstag gegen 4:30 Uhr, bemerkte ein Mietwagenfahrer von der Bundesstraße 482 in Leteln in östlicher Richtung Feuerschein. Dem Feuer entgegenfahrend, erreichte er kurz darauf die in hellen Flammen stehende Bürobaracke der Transportbetonfirma TRAMIRA in Leteln. Das Feuer hatte bereits die gesamte Holzbaracke ergriffen.

Durch Funk verständigte der Zeuge über seine Zentrale die Feuerwehr. Wenige Minuten später trafen die Feuerwehren aus Leteln, Wietersheim, Aminghausen und Lahde an der Brandstelle ein. Trotz ihrer Bemühungen brannte die Baracke bis auf den Grundsockel nieder. Ein Betontransportwagen der unmittelbar neben der Baracke stand, wurde ebenfalls zerstört. Drei weitere Fahrzeuge sind durch die Strahlungswärme beschädigt worden. Der entstandene Gesamtschaden dürfte sich auf 150 000 DM belaufen. Trotz einer vorübergehenden Störung des Betriebsablaufes konnte die Produktion von der Firma gegen Mittag wieder voll aufgenommen werden.

Die kriminalpolizeilichen Ermittlungen unter Hinzuziehung eines Brandsachverständigen wurden unverzüglich aufgenommen. Bisher ist die Ursache des Brandes nicht bekannt.

Währen des Brandgeschehens meldete sich ein Zeuge bei der Feuerwehr am Brandort, der über den möglichen Brandherd Angaben machen konnte. Dieser Zeuge, dessen Name nicht festgehalten wurde, wird gebeten, sich bei der Kriminalpolizei Minden Heidestraße 8, Zimmer 161, Telefon 2541, zu melden.

Quelle: Stadtarchiv Minden, Mindener Tageblatt vom 10. März 1967

orsiloanlage mit den Verteilerbänden für Sand undKies auf das Passivlager

Quelle: Archiv TRAMIRA

s liefen drei Krupps bei TRAMIRA, hier steht einer auf dem Waschplatz in Barkhausen. Im Hintergrund :eht der erste Fahrmischer, bei dem der Aufbau hydraulisch angetrieben wird. Bei dem Krupp ist hinter dem ahrer der Motor für den Mischeraufbau, der nebenstehende Fahrmischer hat dort den Hydrauliktank

Quelle: Karl Heinz Deterding

Oben: Der Fahrer ließ sich neben dem Fahrmischer auf einer Baustelle Photographieren, denn es handelte sich um der ersten Hydraulik Fahrmischer von Stetter bei TRAMIRA. Mitte: Der zuerst umgefallene Hauber. Unten: Der zweite umgefallene Frontlenker

Quelle Karl Heinz Deterdir

Der TRAMIRA ging es gut. Gesellschafterversammlungen und Sitzungen des Verwaltungsrates fanden grundsätzlich im vornehmen „Hotel Kaiserhof" in Porta Westfalica statt. Die Gesellschafter der TRAMIRA hatten es sich zum Ziel gesetzt, die Wertschöpfungs- und Lieferketten zu optimieren. So verkauften sie 50 Prozent der Gesellschafteranteile an die Beton Union GmbH & Co KG aus Düsseldorf und nahmen diese als neuen Gesellschafter auf. Es handelte sich um ein Tochterunternehmen der Dyckerhoff AG aus Wiesbaden. Damit war indirekt ein Lieferant von Zement im Gesellschafterkreis der TRAMIRA. So sollte kurzfristig eine Verbesserung der inneren Geschäftsprozesse und langfristig die Sicherung des Unternehmensbestandes erreicht werden.

Der neue Fahrmischer

Wie dem Bild zu entnehmen ist, hat man sich früher noch mit Anzug bei der Inbetriebnahme eines neuen Fahrmischers fotografieren lassen

Die Herstellung des Betons unterlag laut DIN 1045 einer Güteüberwachung und einer Sicherstellung d̃ Betonqualität im Rahmen der Norm. Deshalb richtete die TRAMIRA 1975 ein firmeneigenes Labor mit Prі stelle E + W ein. Betonprüfstelle E: Eine ständige Betonprüfstelle überwacht die Verarbeiter von Beton B II a Baustellen, die Herstellung von Stahlbetonfertigteilen sowie die Produktion von Transportbeton und hat fe gende Aufgaben:

- Eignungsprüfung
- Güte- und Erhärtungsprüfung
- Überprüfung der Geräteausstattung der Baustellen mit Beton B II beziehungsweise der Werke
- Beratung der Baustellen beziehungsweise der Werke
- Beurteilung und Auswertung der Prüfung

Betonprüfstelle W: Eine Prüfstelle W kann mit der Ermittlung der Druckfestigkeit, Biegezugfestigkeit und Wa serundurchlässigkeit an in Formen hergestellten Probekörpern sowie mit der Feststellung von Druckfestigke ten an Bohrkernen beauftragt werden.

Wasserbecken zur Lagerung der Betonprobekörper bis zur Druckfestigkeitsprüfung Quelle: Archiv TRAMI

Links: Gewichtskontrolle des Betonprobekörpers. Mitte: Prüfung der Betondruckfestigkeiten nach DIN EN 12390-3 für die werkseigene Produktionskontrolle. Rechts: Probekörper zerbricht   Alle Bilder, Quelle: Archiv TRAMIRA

...uftbildaufnahme Minden-Dankersen,
...ie B 482 ist noch nicht fertig gestellt.
...echts von der B 482 sieht man das
...ieswerk

Geobasisdaten: Kreis Minden-Lübbecke, Kataster- u.
Vermessungsamt 11-BSN-01512

Im Juli 1976 wurde der einmillionste Kubikmeter Beton produziert, der zum Neubau an die Mittelland Kanal Brücke Werftstraße in Minden ging. Der Fuhrpark der TRAMIRA umfasste jetzt 19 Fahrmischer, denn der Transportbeton erlebte eine stürmische Entwicklung.

1 Mio. cbm Beton von Minden nach München

Transportmillionär
kurz TRAMIRA genannt

Die Firma Transportbetonwerk Minden Ravensberg GmbH & Co KG in Porta Westfalica, kurz TRAMIRA genannt, hatte guten Grund, eine Rechnung ganz besonderer Art aufzumachen. Die Menge Transportbeton, die der M.A.N.-Kunde nunmehr im Laufe von knapp fünfzehn harten aber erfolgreichen Jahren an den verschiedensten Baustellen angefahren hat, reicht aus, eine 6 m breite Bundesbahnstraße der Länge Minden–München mit einer 10 cm dicken Betondecke zu versehen, oder aber einen gigantischen Betonwürfel der Abmessung (in Metern) von 100 × 100 × 100 zu bauen. Auch in nüchterner Zahl ausgedrückt erscheint die Menge des von TRAMIRA seit 1962 beförderten Transportbetons nicht minder imposant: 1 Mio.

Kubikmeter. Als der M.A.N.-Kunde damals in das Transportgeschäft einstieg, verfügte er über drei M.A.N.-Fahrmischer und ganze fünf Beschäftigte. Als der millionste Kubikmeter Transportbeton angefahren wurde, gelobten sich 35 TRAMIRA-Mitarbeiter, mit ihren nunmehr 19 M.A.N.-Fahrmischern, das zwei Millionen-Kubikmeter-Ziel weitaus schneller zu erreichen. – Dazu viel Glück und Dank für das Vertrauen in M.A.N.

Nunmehr 19 M.A.N.-Fahrmischer

ahrmischer Nr. 16
eht bereit zum Aus-
den des einmillionsten
ubikmeters

Quelle: Archiv TRAMIRA

er Fahrer hat noch
vei Rutschen eines
deren Fahrmischers
gehängt, um mehr
eichweite zu erzielen,
nn es gab noch keine
richter, an die man ein
/C-Rohr anhängen
nnte. Hinter dem
hrzeug stehen einige
äste, unter anderen
e Chefs von TRAMIRA
d Wilhelm Becker

Quelle: Archiv TRAMIRA

einer Umtrunk auf
m Firmengelände mit
n Mitarbeitern und
laden Gästen auf die
illionen. Im Hinter-
und stehen 19 Fahr-
ischer von denen
zu sehen sind

Quelle: Archiv TRAMIRA

Mörtelwagen noch mit Bielefelder Kenn zeichen, vermutlich lief er eine Zeitlang als Vorführwagen

Quelle: Archiv TRAMIRA

Ein neuer MAN 26.230 Fahrmischer

Quelle: Kornienka

Hier noch ein etwas älterer Mischer im Einsatz

Quelle: Kornienka

uch im Winter war man mit Beton unterwegs

Quelle: Kornienka

Die Rohstoffversorgung von Sand und Kies in Barkhausen neigte sich dem Ende und man suchte nach einem neuen Standort. Dieser wurde wiederum in verkehrsgünstiger Lage in Minden-Dankersen gefunden. Dort stand schon das Kieswerk der Firma WEKIDA (Weser Kies Gesellschaft Dankersen).

Das Kieswerk ist seit 1974 in Betrieb. Mit dem Erteilen der Baugenehmigung konnte mit dem Neubau des Betonwerkes mit separater Mörtelanlage auf dem Gelände begonnen werden. Die Rohstoffversorgung war durch die WEKIDA war gesichert.

Auf dem Jakobsberg in Porta Westfalica wurde mit dem Bau des neuen Fernsehturms begonnen. Bei der Lieferung kam es zu einem Zwischenfall: ein Fahrmischer kam vom Weg ab.

Im Hintergrund soll das neue Transportbetonwerk entstehen

Quelle: Archiv TRAMIRA

Das Bürogebäude steht im Rohbau, einige Wände des Mischturms stehen auch schon

Quelle: Archiv TRAMIRA

Vorbereitung für eine
Zwischendecke im Turm,
Stahlmatten werden
ausgelegt

Quelle: Archiv TRAMIRA

Vorbereitungen für eine
Etagendecke

Quelle: Archiv TRAMIRA

Betonanlieferung für
den Mischturm, die
Betonbombe wird her-
unter gelassen zum
Befüllen, der Mischer-
fahrer wartet und nimmt
sie in Empfang

Quelle: Archiv TRAMIRA

Die Etagendecke für den Mischer ist fertig. Durch die beiden runden Öffnungen fällt der Beton in die Fahrzeuge. Im Hintergrund links steht das Kieswerk von WEKIDA

Quelle: Archiv TRAMIRA

Der Zwangsmischer ist beim neuen Werk eingetroffen

Quelle: Archiv TRAMIRA

inschwenken des
ellerzwangsmischers
n seine Position auf der
ecke ...

schauen, ob der
ischer in seine
gestammte Position
asst ...

er passt!

Quelle: Archiv TRAMIRA

Der Mischerraum ist fertig, jetzt fehlt nur noch das Tor nach vorne. Der Mischturm ist halb fertig gestellt

Vorbereitungen für die Tunnelsohle unterhalb des Passivlagers, im Hintergrund steht das Vorsilo vom Kieswerk

Wände und Decke für den Tunnel werden eingeschalt

Quelle: Archiv TRAMIRA

ecke des Tunnels ist
rtig, im Vordergrund
ereitet man die ersten
Wände des Passivlagers
or. Links im Bild sieht
an die Park und
Waschplätze für die
kws, unten links liegen
e Trichter für den
Mischerauslauf

s stehen fast alle
Wände des Passivlagers,
nks steht das Grundge-
st des Verteilerbandes
om Passivlager

as Verteilerband wird
uf die Wände gestellt

Quelle: Archiv TRAMIRA

Das Bürogebäude ist von außen fertig, der Turm befindet sich noch im Bau

Quelle: Archiv TRAMIRA

Fundament für den Fernsehturm wird jetzt mit Beton gefüllt

Porta Westfalica-Hausberge. Die ersten 500 cbm Beton sind jetzt in die Baugrube des neuen Fernsehturms auf dem Jakobsberg geflossen. Über 100 Transporter mussten dafür den Berg hinauffahren. Der Beton bildet jetzt mit einem Gewirr von Baustahl das Fundament für den Turmneubau, der einmal 140 Meter hoch in den Himmel ragen wird.   Aufn.: K. W.

Quelle: Stadtarchiv Minden , Mindener Tageblatt vom 30. September 1977

Der verunfallte Betonmischer

Quelle: Archiv TRAMIRA

Im März 1978 lief die Produktion in Minden-Dankersen an, nach anfänglichen Einfahrschwierigkeiten nahm die TRAMIRA am 1. April 1978 die Produktion offiziell auf. Zeitgleich wurde in Barkhausen noch Beton produziert, die aber am Ende des Jahres eingestellt wurde.

Am 16. Juni 1978 wurden die Sozial- und Verwaltungsräume bezogen. Die Verwaltung befindet sich seit dem in Minden-Dankersen. Das Betonwerk entstand nicht in Stahlkonstruktion, wie die anderen zwei Werke sondern in Stahlbeton-Bauweise.

Der bautechnische Bereich ist durch die Firmen Walter Hartmann GmbH & CO. KG Minden und die Firma Mülmstedt & Rodenberg Minden ausgeführt worden. Die Firma Krupp-Stahlhandel in Bremen war für den maschinentechnischen Teil Generalunternehmer. Den 3750 l Teller-Zwangsmischer lieferte die Firma TEKA. Durch eine wechselseitige Beladung konnte mit zwei Betonmischern unter die Anlage gefahren werden. Für die Bandanlagen war die Firma Hermes aus Hannover zuständig. Der Waagenbereich wurde von der Firma Hawlick gebaut. Die Mörtelproduktion wurde 1974 in Barkhausen mit einer ELBA EMM 30 begonnen. Die Mörtelanlage ist um 1980 am alten Standort Barkhausen abgebaut und in Minden-Dankersen wieder aufgebaut worden. Dort wurde sie über einen Trichter und die vorhandenen Förderbänder beschickt. Den Mauersand holte man mit den eigenen Fahrmischern von der Firma Müller Sand in Porta Westfalica-Veltheim. Der Sand wurde vom Fahrmischer direkt in den Trichter ausgeladen und über die Bandanlage in die zwei Vorratssilos geschickt. Waren die Silos gefüllt, ist der Sand, der übrig war, neben den Trichter ausgeladen und bei Bedarf mit einem Radlader in den Trichter gekippt worden. Der Trichter wird im Winter auch zur Beschickung für das Aktivlager der Mischanlage benutzt, wenn das Material im Passivlager gefroren ist. Der Betrieb existiert dort heute noch.

Das Mischpult dient zur Betonproduktion, mit den Knöpfen recht. im Bild bedient man di Bandanlage zum Trans port des Materials in den Mischturm. Die Knöpfe Mitte und links dienen zur Betonpro- duktion. Mit den beide Bildschirmen werden Teile der Bandanlage überwacht

Quelle: Archiv TRAMIR

TRAMIRA jetzt am Schaumburger Weg in günstiger Rohstoff- und Verkehrslage. Transportbetonwerk wurde von Barkhausen nach Dankersen verlegt

Minden-Dankersen (gs) Als das Transportbetonwerk Minden-Ravensberg GmbH & Co KG, kurz Tramira genannt, vor einigen Monaten vor der Frage stand, ob ein zehn Jahre altes Werk mit hohen Kosten modernisiert und die wesentlichen Rohstoffe aus anderen Kiesvorkommen angefahren werden sollten, oder ob man ein nach neusten betriebswirtschaftlichen Gesichtspunkten konzipiertes Werk an einer anderen Stelle in der Nähe einer Rohstoffbasis errichten solle, entschieden sich die Gesellschafter für ein neues Werk. Dieses wurde am vergangenen Freitag in Anwesenheit zahlreicher Gäste in Dankersen am Schaumburger Weg, unmittelbar an der B 482, seiner Bestimmung übergeben.

Nach Begrüßungsworten des Verwaltungsratsmitgliedes Heinrich Steinbrink erklärte Geschäftsführer Heinz Horstmöller die Gründe des Neubaus und seine Vorteile gegenüber dem bisherigen Werk. Die Tramira wurde 1962 in Leteln gegründet doch schon nach kurzer Zeit aus Gründen rationeller Rohstoffversorgung nach Barkhausen verlegt. Als aber abzusehen war, dass das Kiesvorkommen etwa im Spätsommer 1977 ausgebeutet sein würde, überlegte man, wo man am wirtschaftlichsten auch weiterhin Transportbeton herstellen könnte.

Dabei bot sich das jetzige Gelände an. Dieser Standort sei, so betonte der Geschäftsführer, sowohl von der Rohstoffbasis als auch von der Verkehrslage her für ein Transportbetonwerk von größter Bedeutung. Er führte weiter aus: Die Firma Weserkiesgewinnung Dankersen, an welche die Tramira angrenzt, übergibt das gesamte Zuschlagmaterial per Transportband. Die Tramira übernimmt das Material entweder, sofern Platz in den Aktivbunkern im Mischturm vorhanden ist, direkt über das 105 Meter lange Steigeband, oder aber mit anderen Bändern auf ein Fahr- und Reservierband auf das sogenannte Passivlager zum späteren Abzug. In fünf Boxen können getrennt etwa 5000 t Material gelagert werden. Je nach Bedarf kann der Arbeiter, der die Anlage bedient, also auch den Beton herstellt, das Aktivlager im Mischturm über ein 60 m langes Tunnelabzugband, ein Querband und über das 105 m Steigeband befüllen. Diese großzügige Vordeponie für Zuschläge sei für eine reibungslose Herstellung von Beton von immenser Bedeutung. Durch Aufheizen könne man auch in der kalten Jahreszeit noch liefern.

Während Transportbeton-Mischtürme üblicherweise aus Stahl hergestellt würden, habe man sich wegen der wesentlich längeren Lebensdauer für einen Stahlbeton-Mischturm entschieden. Geschäftsführer Horstmöller erläuterte dann die Arbeitsweise des neuen Werkes und unterstrich, theoretisch sei eine Stundenleistung von 165 cbm zu erzielen. Dem Werk sind in der Steuerung 40 Festrezepte eingegeben. Jedoch können auch Sonderwünsche erfüllt werden. Durch den Bau einer Kiesrückgewinnungsanlage ist dafür Sorge getragen, dass die Mischtrommeln der Fahrzeuge umweltfreundlich gesäubert werden. Neben dem Betonwerk ist auch ein neues Verwaltungsgebäude errichtet worden. Für den Winter 1978/79 ist ferner der Bau der Lkw-Werkstatt und des Labors geplant. Diese befinden sich zur Zeit noch in Barkhausen.

Bürgermeisterstellvertreter Walter Ems, ein Fachmann im Bauwesen, überbrachte die Grüße und Glückwünsche des Rates und der Verwaltung der Stadt Minden und schloss seine Ausführungen mit der Bemerkung: „Wenn der Umsatz in diesem Werk gut floriert, floriert auch die Bauwirtschaft ".

Quelle: Stadtarchiv Minden, Mindener Tageblatt vom 19. Juni 1978

Die Produktion läuft am neuen Standort, den benötigten Zementl iefert die Firma Bobe aus Bad Salzuflen

Quelle: Archiv TRAMIF

Jm am Standort Minden-Dankersen Reparaturen und Wartungsarbeiten an den Fahrmischern durchzufüh-
en, wurde eine neue Werkstatt nebst Labor gebaut. Bis zur Fertigstellung wurden die Reparaturarbeiten am
lten Standort in Barkhausen in der dort noch existierenden Werkstatt erledigt. Der Laborant pendelte von
Barkhausen nach Minden um Proben vom Beton und von Zuschlagstoffen zu nehmen.

Die Vorbereitungen für die Beton-
ohle für die neue Werkstatt sind
rledigt, im Vordergrund sieht man
en Rahmen für die Fahrzeuggrube.
s kann betoniert werden

er Beton für die Sohle wird mit einer Betonpumpe ziemlich steif eingebaut, im Hintergrund wird die Fläche
chon geglättet, denn der Boden bleibt so wie er ist

Quelle: Archiv TRAMIRA

Der letzte Betonpfeiler wird aufgestellt

Die Werkstatt mit Labor ist im Rohbau fertig

Quelle: Archiv TRAMIR

m Frühjahr ist der Mörtelwagen neu lackiert worden, die Trommel wurde nicht mit Längsstreifen, sondern ur mit einem breiten roten Streifen mittig über die Trommel versehen. Durch einen kurzen aber heftigen Kälteeinbruch gegen Ende des Jahres wurde die Produktion lahm gelegt.

risch lackierter Mörtelwagen. Der Fahrmischer verfügte noch über eine Handschaltung

iszeit im Betonwerk, an die Produktion von Beton war nicht zu denken

Quelle: Archiv TRAMIRA

Im März 1982 lieferte MAN ein dreiachsiges Hauber-Fahrgestell an TRAMIRA, es handelte sich dabei ur einen 26.281 mit 26 t Gesamtgewicht und 280 PS. Die Firma Meierling ergänzte das Fahrgestell um eine 10 Anhängerachse. Liebherr baute schließlich eine acht Kubikmeter Mischertrommel auf das mittlerweile vie achsige Fahrgestell. Bis dahin liefen in dem Unternehmen nur Dreiachser mit fünf Kubikmeter Mischertron meln. TRAMIRA war einer der Ersten, die diese Fahrzeugbauart in der Region einführte.

Im selben Jahr begann man mit dem Neubau des Kraftwerks Heyden in Petershagen-Lahde. Der Bau eine Großsilos für die WCG in Minden wurde fast gleichzeitig begonnen. Beim Kraftwerk Heyden wurden zwe Treppenschächte und der Kühlturm, bei der WCG das Großsilo in Gleitschalung betoniert. Beide Baustelle sind, bedingt durch das Bauverfahren, teilweise gleichzeitig rund um die Uhr beliefert worden. Das war ein große Herausforderung.

Links: **Erster Vierachs-Betonmischer, Fahrgestell MAN, Aufbau Liebherr.** Rechts und unten: **Ein weiterer neuer vierachsiger Betonmischer auf Probefahrt bei Liebherr** Quelle: Archiv LiebherrMischtechn

Kraftwerk Heyden in Petershagen-Lahde. Hier laufen die Vorbereitungen für die Bodenplatte des Maschinenhauses

Quelle: Archiv TRAMIRA

In Gleitschalung sind die beiden 100 m hohen Treppenhäuser betoniert worden

Das Maschinenhaus wird verkleidet, in der Mitte stehen die beiden Treppenhäuser

Im Hintergrund steht der Kühlturm fürs das Kraftwerk, der Turm ist auch in Gleitschalung betoniert. Der Transportmischer wartet aufs Ausladen

Quelle: Archiv TRAMIF

nks: Mit einer Schwing Autobetonpumpe wird der Beton befördert, ein Vorführfahrzeug von Liebherr liefert en Beton. Im Hintergrund wartet der nächste Betonmischer. Rechts: Großsilo der WCG in Minden

Wieder eine größere Betonasche, es werden auch Fremdfahrzeuge eingesetzt

Quelle: Archiv TRAMIRA

Neuer Fahrmischer:
MAN 26.240 mit sechs
Kubikmeter Liebherr-
Aufbau

Quelle: Kornienk

Fuhrpark 1983: Die
Vierachser stehen im
Vordergrund. Rechts
vom Frontlenker stehen
die Dreiachser. Der
Mercedes Rundhauber
war ein Kipper, also kein
Fahrmischer

Luftbildaufnahme Minden-Dankersen 1984   Geobasisdaten: Kreis Minden-Lübbecke, Kataster- und Vermessungsamt 11-BSN-01512

Die Nachfrage nach dem Pumpen von Beton als Dienstleistung für Kleinbaustellen verstärkte sich, deshalb kaufte man die erste PUMI (Betonpumpe mit Betonmischer Aufbau). Sie lief unter dem Namen TRAMIRA Betonier-Express im Werk. Es handelte sich dabei um einen MAN 26.281 3-achs Hauber mit einer 10 t Anhängerachse von Meierling. Auf dieses Fahrgestell hat die Firma Putzmeister einen 20 m Dreiknick-Verteilermast mit Kolbenpumpwerk und sieben Kubikmeter Mischertrommel von Liebherr gebaut. Die Maschine wurde bis 1994 eingesetzt und dann verkauft.

Der neue TBE wird vom Fahrer per Handsteuerung aufgebaut

Quelle: Karl-Heinz Wiegmann

Der neue TBE steht auf dem Hof zum Aufbau bereit

Quelle: Karl-Heinz Wiegmann

Mit dem **TRAMIRA** - **BETONIER-EXPRESS**

können wir **schneller und preiswerter als je zuvor**

jetzt auch **Klein- und Sonderbaustellen bedienen**

Der TRAMIRA-BETONIER-EXPRESS ist eine Fahrmischer-Betonpumpe mit 21-m-Betonverteilermast, 4-Achs-Fahrgestell, maximale Förderleistung von 60 cbm/h und 7 cbm Mischerfüllung.

Die neueste Errungenschaft der TRAMIRA ist der TRAMIRA-BETONIER-EXPRESS, mit dem wir schneller und preiswerter als je zuvor jetzt auch Klein- und Sonderbaustellen bedienen können.
Baustellengerechte, kompakte Bauweise. Hydraulisch gesteuerte Pump-Funktion bewegt den Rüssel im Rhythmus der Kolbenhübe vor den beiden Zylinderöffnungen hin und her. Der dichte Automatikring erlaubt auch Hochdruckförderung von Wasser und schafft somit die Voraussetzung für ein breites Einsatzgebiet vom normalen groben Beton über Estrich, Füllmörtel und Zementschlempe bis hin zum Wasser.
Bei Betonmengen bis 7 cbm kann der TRAMIRA-BETONIER-EXPRESS diese selbst transportieren (Beladekapazität). Erst bei größeren Betonmengen rücken weitere TRAMIRA-Betonmischer an, welche dann vom TRAMIRA-BETONIER-EXPRESS entleert werden. Somit entstehen keine Wartezeiten für Pumpe, Beton oder Aufbauen. Schnelles Versetzen des Fahrzeugs, wenn die Mastlänge nicht mehr ausreicht. Geeignet für Betonagen in niedrigen Hallen (mit ausgefahrenem Mast verfahrbar). Fördermenge bis 60 cbm/h mit Verstellhydropumpe für Sondereinsätze, Injektionen, Pfahlverfüllungen, Betonspritzen und vieles mehr.

TRAMIRA-Betonier-Express

TECHNISCHE DATEN

Förderleitungs-⌀	mm	100
Horizontale Reichweite von Mitte Drehgelenk	m	17,21
Spitzenhöhe	m	20,67
Reichweiten-Tiefe	m	11,50
Länge Endschlauch	m	3,00
Schwenkbereich	in °	360
Ausfalthöhe	m	6,00
max. Stützbeinkräfte	KN	5800

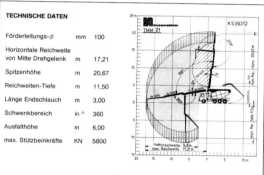

PREISE:

für geförderten Beton oder dergleichen

Bis 7 cbm pauschal	DM 180,–
Über 7 cbm für jeden weiteren cbm	DM 12,–
Bei Abnahme unter 10 cbm/h von Ankunft bis Abfahrt Baustelle berechnen wir einen Stundensatz von	DM 150,–
Bei erforderlicher Verlegung von zusätzlichen Rohrleitungen am Ausleger und Einbauschlauch berechnen wir per lfdm.	DM 3,–

Auf die vorstehend genannten Preise wird die jeweils gültige Mehrwertsteuer hinzugerechnet.
Für die Pumpengestellung gelten ausschließlich unsere Dienstleistungs- und Zahlungsbedingungen.

TRANSPORTBETONWERK MINDEN-RAVENSBERG GMBH & CO. KG
4950 MINDEN-DANKERSEN — **TELEFON (05 71) 3 30 77**

Auftragsannahme: Telefon (05 71) 3 30 79

Aufbau des TRAMIRA-Betonier-Express auf einer Baustelle. Unter den Bäumen wird der Mast lang gelegt

Letzte Vorbereitungen an der Pumpe

Quelle: Archiv TRAMIRA

Wenn die Weite des TBE nicht ausreicht, wird mit Rohr und Schlauch verlängert

Der Mann auf dem Maurerkübel sorgt dafür, dass der Schlauch nicht vom Kübel springt

Quelle:

Hier ist der TBE in Mindens Innenstadt im Einsatz, es wird in einem Treppenhaus ein Fahrstuhlschacht betoniert, man kam nicht anders an die Baustelle im Haus heran

Das gelbe Kabel ist für die Fernbedienung der Betonpumpe

Quelle: Archiv TRAMIRA

ier wurde die TBE in einer großen Halle aufgebaut, es wurde die gesamte Höhe des TBE ausgenutzt. Bei der cht von oben auf die TBE, sieht sie aus wie ein Spielzeugmodell

ier wird unter Wasser die Böschung im Kanal vergossen

Quelle: TRAMIRA

Die PUMI steht auf einem Ponton, der Mast ist als Gegengewicht weggeschwenkt, denn die andere Seite musste auch vergossen werden

Hier wurde durch das Fenster gepumpt. Die kleine gelbe Kiste neben dem Lkw ist die Fernbedienung für die Pumpe. Die Pumpe ist nachträglich mit einer Funkfernbedienung ausgestattet worden   Quelle: Karl-Heinz Wiegman

Der erste Betonier-Express war vom Markt gut angenommen worden. Die Nachfrage stieg und man schaffte einen zweiten an. Diesmal mit 24 m Auslage als Vierknick-Verteilermast von Putzmeister, Kolbenpumpe und sechs Kubikmeter Mischertrommel von Liebherr. Das Fahrgestell hierfür kam aus dem eigenen Haus. Der MAN war eines der letzten Haubenfahrzeuge bei TRAMIRA und wurde 1995 außer Dienst gestellt. Die Farbgebung wurde leicht umgestellt, da die Farbe ab Werk nicht mehr angeboten wurde. Die Fahrzeugkabine wurde jetzt in Lichtgrau (Ral 7035) und nicht mehr in Graublau geliefert. Der Aufbau und das Fahrgestell blieben: Rotes Fahrgestell (Ral 3002) und gelbe Trommel (Ral 1004) mit roten Streifen (Ral 3002).

Die Mischertrommel des für die PUMI bereitgestellten Fahrgestells wurde auf ein 4-achser MAN 30.291 Fahrgestell aufgebaut. Der Betonmischer ist 1995 außer Dienst gestellt worden. Des Weiteren kamen noch zwei 3-achser MAN 26.242 mit sechs Kubikmeter Liebherr-Aufbau ins Werk. Die beiden Fahrmischer hatten das neue F90 Fahrerhaus, das 1986 die F8 Fahrerhäuser abgelöst hatte. Die Fahrmischer waren Frontlenker und lösten langsam die Hauber-Generation ab. Am 1. Dezember 1988 kaufte die TRAMIRA das Kieswerk von der Firma Wekida. Das Personal wechselte mit in die TRAMIRA.

ier steht der zweite TBE auf dem Waschplatz. Das Foto entstand kurz vor dem Verkauf des TBE

Auf dieses MAN Fahrgestell ist der Aufbau des zweiten TBE gebaut worden, der war vorher ein Fahrmischer und beim Umbau zum TBE ungefähr ein Jahr alt

Quelle: Archiv TRAMIRA

Das 1988 erworbene Kieswerk

Quelle: Hans-Christian Anderson

Nach einer weiteren stürmischen Entwicklung wurde 1989 der Zweimillionste Kubikmeter Beton bei
TRAMIRA produziert.

Hier wird ein Brücken-
fundament für eine Eisen-
bahnbrücke in Heimsen
betoniert

Quelle: Karl-Heinz Wiegmann

Der Fahrmischer ist mit Ausladen fertig

Quelle: Karl-Heinz Wiegmann

Der Fuhrpark wurde 1990 um zwei 3-achser MAN einen 26.262 und 26.272 mit sechs Kubikmeter Liebher Aufbau erneuert. Das zweite Auto wurde gegen Ende des Jahres ausgeliefert und zum Großteil noch als Mö telwagen eingesetzt. Der Bau von Wohnungen war stark gefragt, da in das Umland der TRAMIRA sehr vie Übersiedler gekommen waren. Die Fahrer waren morgens und teilweise mittags noch mit Mörtel unterweg Der Mörtel wurde streckenweise mit drei Fahrmischern ausgeliefert. Heute hat sich die Nachfrage nach Fe tigmörtel soweit reduziert, dass die Produktion eingestellt worden ist. Beim Mauerwerksbau werden die Stein überwiegend nur noch geklebt, sodass der Mörtel nicht mehr gebraucht wird.

Im Hintergrund sieht man Teile der alten Mörtelanlage. Die hintere Rutsche auf dem Kotflügel des Mörtelautos war aus Alu und etwa 20 cm länger als die beiden Originalrutschen. Die Rutsche kam zusätzlich an den Lkw und wurde nur zum Mörtelausladen eingesetzt

Bei Reparaturarbeiten im Kieswerk, die zum Grossteil im Winter gemacht werden, kam es am 9. Januar 1992 bei den Wartungsarbeiten zu einem Brand im Siebturm. Siehe Zeitungsbericht.

Pressespiegel

Schweißarbeiten: Feuer im Siebturm

Minden (hjA) Funkenflug bei Schweißarbeiten hat gestern Nachmittag zu einem Feuer in einem Siebturm des Tramira-Betonwerks am Schaumburger Weg geführt. Die sprühenden Funken setzten im oberen Teil des Turmes ein Förderband aus Gummi in Brand. Versuche, die Flammen mit griffbereiten Handfeuerlöschern zu bekämpfen, misslangen, das Feuer breitete sich schnell über die gesamte Förderanlage quer durch den Turm aus. Die alarmierte Berufsfeuerwehr versuchte zuerst über eine Drehleiter den Brand einzudämmen, was zunächst nicht gelang, da Löschwasser und -schaum zunächst nur aus einem Tanklöschfahrzeug gezogen werden konnte, bis eine Schlauchleitung zum angrenzenden Baggersee gelegt war. Nach der zusätzlichen Alarmierung der Freiwilligen Feuerwehren Stadtmitte, Aminghausen und Leteln und der Einsatz einer weiteren Drehleiter konnten rund 30 Feuerwehrleute den Brand von zwei Seiten löschen und nach eineinhalbstündigem Einsatz wieder abrücken. Personen wurden nicht verletzt. Der Sachschaden wurde vom Leiter der Hauptamtlichen Feuerwache, Thomas Schmitt, gestern Abend nach ersten Schätzungen mit 50 000 bis 100 000 Mark angegeben. Heute wird der genaue Schaden ermittelt.

MT-Foto: hjA
Quelle: Stadtarchiv Minden, Mindener Tageblatt vom 10. Januar 1992

Die Mischertrommel
es ersten TBE ist nach
nigen Jahren mit
treifen lackiert worden
Quelle: Karl-Heinz Wiegmann

Das Pumpen von Beton wurde bisher nur als Fremdleistung von Unternehmen angeboten, die Betonpumpen verliehen haben. Zur Abrundung des Dienstleistungsangebotes der TRAMIRA wurde beschlossen, eine Groß mastpumpe anzuschaffen, um auch diese Dienstleistung mit eigenem Personal anbieten zu können. Gekauf wurde eine 36 m Großmastpumpe von Putzmeister auf einem MAN Fahrgestell Typ 27.322 DF. Die Pump konnte in den folgenden Jahren kostendeckend auf kleineren und größeren Baustellen eingesetzt werden. Di ersten Einsätze der Großmastpumpe erfolgten am Erweiterungsbau des Mittellandkanals.

TRAMIRA - Betonpumpen

Transportbetonwerk Minden-Ravensberg GmbH & Co. KG · Schaumburger Weg 32 · 32423 Minden
Telefon (05 71) 3 30 77 / 78 · Telefax (05 71) 3 63 26 · AUFTRAGSANNAHME (05 71) 3 30 79

PREISLISTE
Nr. 26 / gültig ab 1. März 1994

Verteilermasthöhe		Fahrmischer-Pumpe TBE TRAMIRA-Betonier-Expreß 21/25 m DM	Auto-Betonpumpe 4-Knick-Großmast 36 m DM
Grundpreis (pauschal)		250,–	–
Fördermenge: bis 6 cbm		pauschal **250,–** (einschl. Grundpreis)	
je cbm: 6,5– 15 cbm	über 6 cbm für jeden cbm zuzüglich		25,–
15,5– 25 cbm		**16,–**	24,–
25,5– 50 cbm		–	23,–
50,5–100 cbm		–	22,–
100,5–150 cbm		–	21,–
150,5–200 cbm		–	20,–
200,5–400 cbm		–	19,–
Mindestrechnungsbetrag		250,–	480,–
im Stundensatz je Std.		290,–	290,–

Zusatzleistungen:

je Meter Rohr oder Schlauch	**7,– DM**	Überstundenzuschlag	
je Umsetzen der Pumpe	**65,– DM**	für Lieferungen nach 20 Uhr je Stunde	**30,– DM**
Stahlfaserbeton-Zuschlag a. Ges.-Rechn.-Betrag	**10 %**	Zuschläge	
Samstagszuschlag je Einsatz	**75,– DM**	für Sonn- und Feiertage	**nach Aufwand**

Bei Abnahme unter 15 cbm (TBE 10 cbm) in der Stunde wird im Stundensatz berechnet. Als Grundlage zur Abrechnung gilt die Anwesenheit (Ankunft Baustelle – Abfahrt Baustelle) der Betonpumpe auf der Baustelle, bei Meinungsverschieden-heiten hierüber ist die Tachographenscheibe unseres Fahrzeuges maßgebend.

Alle Preise beinhalten folgende bauseitige Leistungen: Hilfestellung beim Auf- und Abbau. Gefahrenlose An- und Abfahrt.

Vorgenannte Notierungen sind Netto-Preise zuzüglich gültige Mehrwertsteuer.

Allen Leistungen liegen unsere Dienstleistungs- und Zahlungsbedingungen zugrunde.

Wir stehen gerne zu Ihrer Beratung zur Verfügung.

TRAMIRA schaffte 1994 einen neuen 4-achser Fahrmischer von MAN an, einen 32.322 mit acht Kubikmeter Intermix Aufbau. Seine Motorleistung betrug 320 PS. Das Fassungsvermögen der Mischertrommel betrug 9000 Liter. Der Intermix Aufbau war tiefer als die Liebherr-Aufbauten der anderen Fahrmischer und daher etwas empfindlicher bei sehr flüssiger Betonladung. Es bestand die Gefahr, dass bei forscher Fahrweise der geladene Beton über die Auslauf Schurre nach außen gelangte (Streugefahr).

Dieser Fahrmischer wurde 1994 gekauft, hier steht der Mischer an einer 52 m Großmastpumpe

1995 ersetzte man die außer Dienst gestellte PUMI durch eine neue Fahrmischerpumpe von Putzmeister als Rotorpumpe Q 60 TMM 24 (Funktionsweise wie eine Waschmaschine) mit Dreiknick-Verteilermast und 20 Meter Auslage, sechs Kubikmeter Liebherr-Aufbau auf ein 4-achser MAN 32.372 Fahrgestell. Auf der Bauma in München hatte Putzmeister diese PUMI im Messestand ausgestellt. Nach Beendigung der Messe wurde die Maschine direkt von dort abgeholt. Des weiteren kaufte man noch zwei neue 4-achser Fahrmischer von MAN, einen 32.372 6-Zylinder mit 370 PS und einen 32.322 5-Zylinder mit 320 PS, auf beide Fahrgestelle baute die Liebherr einen 8 Kubikmeter Betonmischer-Aufbau. Das Kieswerk bekam einen neuen Radlader, es handelt sich dabei um einen Hanomag 55 D mit einer 2,5 cbm Schaufel, die Motorleistung beträgt 118 KW = 160 PS.

Erster Einsatz des Neuen TBE   Quelle: Putzmeister   PUMI steht oben rechts im Bild   Quelle: Archiv Putzmeister

Fahrmischer-Betonpumpe TMM 24

Auch unsere 24m Pumi transportiert und mischt Beton wie ein herkömmlicher Fahrmischer. Auf der Baustelle kann das Material wie mit einer Autobetonpumpe gepumpt und verteilt werden.

Die TMM 24 Fahrmischer-Betonpumpe ist mit einer Rotorpumpe ausgestattet (s. r.) und eignet sich besonders gut zur Verarbeitung von Fließestrichen.

Durch das Rotorprinzip ist eine nahezu restmengenfreie Förderung möglich.

Mast:

Reichhöhe	23,8 m
Reichweite	20,0 m
Reichtiefe	12,4 m
Ausfalthöhe	6,9 m
Arme / Faltung	TR / 3 Z

Pumpe:

Typ	Putzmeister Rotorpumpe TMM 24
Fördermenge	58 m³/h
Betondruck	25 bar
Förderleitung	100 mm

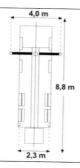

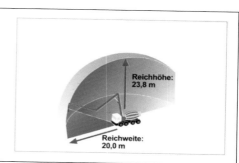

Der TBE kann auf engsten Raum aufgebaut werden

Quelle: Hans-Christian Anderson

Fahrmischer 34 schon etwas in die Jahre gekommen. Hier steht er im Werk Ovenstädt

Quelle: Archiv TRAMIRA

Fahrmischer 29 per Rutschen am Ausladen

Die TRAMIRA beteiligte sich 1997 an der Dörgeloh Betonpumpen Gesellschaft in Löhne. Es wurden die
36 Meter Großmastpumpe und die PUMI mit in die Beteiligung hineingebracht. Durch den Kauf eines Saugschiffes im gleichen Jahr konnte man den Eimerkettenbagger von der Produktion des Materials aus dem Kiesteich in den wohlverdienten Ruhestand setzen.

Kurzfristig wurde noch ein 3-achser Iveco 26.310 mit sechs Kubikmeter Liebherr-Aufbau übernommen,
aber das Auto blieb nicht lange im Werk. Nach zwei Jahren wurde es schon wieder verkauft. Das eigene Mör-
telwerk wurde in der Zeit von 1997-1998 erneuert. Es wurden Teile einer transportablen Betonmischanlage,
die sich im Besitz von TRAMIRA befand, verwendet. Die Anlage kam in den 90er Jahren vom Flughafen München zum Bestand der TRAMIRA, dort wurde aus den zwei Anlagen eine gemacht, danach ging die Mischanlage zur Firma Groh aus Bad Oeynhausen. Die setzte die Anlage auf einer Großbaustelle in Zarrentin ein,
danach kam die Mischanlage wieder zurück.

Der Eimerkettenbagger
wurde 1975 bei der
Max Faller Maschinen-
fabrik in Ludwigshafen/
Rhein gebaut

Eimerkettenbagger bei
der Kiesgewinnung

Quelle: Archiv TRAMIRA

Links: Der Eimerkettenbagger braucht nicht mehr in die Kiesgewinnung einzugreifen. Rechts: Bedienstand und Maschinenhaus sind geladen

Links: Der Tieflader steht zum Abladen bereit, der Kran lässt den Haken mit Ketten schon herunter. Rechts: Der Bedienstand ist abgeladen, für das Maschinenhaus werden zwei Krane benötigt

Links: Das Schöpfrad dient zur Entwässerung des Materials, das vom Saugschiff aus dem Kiesteich gefördert wird. Rechts: Hier steht das Saugschiff mit Maschinenhaus, Bedienstand und Kranbahn

inks: Der Vorbau des Schiffes mit Umlenkrolle. Rechts: Der zweite Kran wird aufgebaut. Er wird benötigt, um as Schiff ins Wasser zu lassen

inks: Beide Krane ziehen an. Rechts: Das Schiff wird langsam abgelassen. Rechts sieht man zwei Seile mit denen as Schiff gehalten wird, damit es nicht abtreibt, wenn die Krane ihre Seile lockern

inks: Gab ein kurzes Gastspiel, war nur zwei Jahre bei TRAMIRA. Rechts: So sieht die neue Mörtelanlage nach em Umbau jetzt aus. Im Haus rechts ist die Schaltzentrale, mittig ist der Mischer mit den Silos zu sehen

Die Übergabe- und Verladeanlage im Kieswerk ist erneuert worden. Bis dahin konnte im alten Zustand nu eine Funktion durchgeführt werden: Entweder nur Material über die Förderbänder vom Kieswerk auf di Passivhalden vom Betonwerk schaffen oder nur Verladen auf der Waage. Die Anlage wurde jetzt so umkon struiert, dass beides gleichzeitig ausgeübt werden kann. Durch den Kauf einer Powerscreen Siebanlage konnt man den Mauersand für die Mörtelproduktion nun selber herstellen. Aus dem eigenen Füllsand siebte man de feinen Sand für die Mörtelproduktion. Nun war die TRAMIRA unabhängig von Fremdlieferungen.

Rechts im Bild sieht ma die alte Verladeanlage des Kieswerks

Das Turmsteigeband wird eingehoben. Im Hintergrund ist das Verteilerband des Passiv lagers vom Betonwerk z sehen. Das kurze Band dient zur Beschickung vom Kieswerk

Quelle: Archiv TRAMIF

Das Steigeband zum
Turm wir im Verteiler-
turm zusammengebaut

Das Förderband, das
man links sieht, dient zur
Beschickung vom Kies-
werk für das Passivlager
des Betonwerkes

Die Silos sind am oberen
Rand des Trichters mit
einem Auslauf versehen,
darunter ein Förderband
zur direkten Beschickung
auf das Passivlager. Das
Förderband unter den
Silos ist für die Verladung
auf der Waage

Quelle: Archiv TRAMIRA

Die neu erworbene Powerscreen Anlage, rechts ist der Aufgabetrichter für das zu siebende Material. Links oben unter dem Gummi ist das Rüttelsieb

Durch das Rüttelsieb fällt das Material über die kleine Rutsche auf den Lkw, der darunter zum Verladen steht. Über das lange Blech werden die ausgesiebten Materialien weiter geleitet, damit sie nicht wieder in das durch gesiebte Material fallen

Anfang des Jahres 1999 ist das Turm-Steigeband, das den Transport des Materials vom Passivlager ins Aktiv-lager des Mischturms vornahm, durch ein neues verzinktes Steigeband ersetzt worden. Der Fuhrpark war inzwischen in die Jahre gekommen, es kamen nach langer Zeit zwei neue 4-achs Fahrmischer dazu. MAN lieferte zwei baugleiche 32.364 F 2000 EVO mit 360 PS und jeweils einem acht Kubikmeter Liebherr-Aufbau ins Werk.

as 105 m lange Steigeband, das in den Turm läuft, wurde erneuert

Quelle: Archiv TRAMIRA

ahrpark 1999, es fehlen zwei Fahrmischer, die sind schon mit Mörtel vorgeladen

Anfang 2003 erfolgte die Übernahme des Transportbetonwerks Thomastal in Petershagen-Ovenstädt mit vie Mitarbeitern. Der Fuhrpark wuchs um einen 4-achser MAN 35.343 8x6 Allrad mit einem acht Kubikmete Liebherr-Aufbau, einer PUMI von Putzmeister, Kolbenpumpe Typ E 26.67 S mit Dreiknick-Verteilermast un 22 m Auslage mit sechs Kubikmeter Liebherr-Aufbau auf MB 3235 4-achs Fahrgestell.

Die Beteiligungen an den Firmen Dörgeloh, Trabeto und Transbeton wurden durch TRAMIRA aufgelös Weil man nach der Auflösung der Beteiligung an der Firma Dörgeloh keinen direkten Zugriff mehr auf eigen Pumpen hatte, kaufte man eine gebrauchte BSF 36.16H 36 Meter Großmastpumpe von Putzmeister au MB 2635 3-achs Fahrgestell. Desweiteren ging die PUMI nach Ende der Beteiligung an Dörgeloh zurück a TRAMIRA. Der Fuhrpark umfasste jetzt eine 36 m Großmastpumpe, zwei PUMIS und neun Fahrmischer.

Das ist die Rückseite des übernommenen Betonwerks von Thomastals, neben dem Turm stehen die beiden Fahrmischer die dort stationiert sind. Die beiden grauen Silos neben dem Mischturm sind von der ersten Mischanlage von Thomastal, die Anlage wurde später noch verkauft

Die neu erworbene 36 Meter Großmastpumpe wird nach einem Einsatz gereinigt

Der Fahrmischer von Thomastal. Das Fahrgestell ist noch in alter Farbgebung, die Trommel wurde in TRAMIRA-Farben umlackiert

Der hintere Teil des Hühnerstalls ist betoniert, die Pumpe musste einmal umbauen

Pumpe hat umgebaut, der letzte Mast der Pumpe konnte in den Stall geschoben werden, der Fahrmischer kann ausladen

Es mussten noch 45 m Schlauch verlegt werden

In diesem Jahr nahm die TRAMIRA ein neues Produkt in ihr Lieferprogramm auf. Die Produktion von Fliess-Estrich begann. Von der Firma Putzmeister erwarb man eine Estrichpumpe, um das Material vom Fahrmischer auf direktem Weg über die Estrichpumpe und Schläuche ins Haus auf der Dämmung einzubringen. Der Fliess-Estrich besteht aus Sand, Splitt und aus dem Bindemittel Durament-Compound auf Natur-Anhydrid Basis. Fließestriche mit einem Anhydrid als Bindemittel haben den Vorteil der schnellen, verarbeitungsfreundlichen Verlegung. Die hohe Biegezugfestigkeit ermöglicht es, die Estrichdicken gegenüber konventionellen Zementestrichen zu reduzieren. Seine Fließfähigkeit sorgt für eine perfekte Heizrohrumschließung und sein dichtes Gefüge für eine hohe Wärmeleitung. In Verbindung mit einer Fußbodenheizung können die Vorteile ideal ausgeschöpft werden.

Der Fahrzeugbestand wurde um zwei 4-achser MAN TGA 32.360 mit acht Kubikmeter Liebherr-Aufbau und einem 3-achser MB Actros 2632 mit sechs Kubikmeter Stetter-Aufbau erneuert. Die Fahrmischer wurden durch eine Überführungsfirma ausgeliefert.

Technische und bauphysikalische Daten

TRAMIRA Transportbetonwerk Minden-Ravensberg GmbH & Co. KG

Festigkeitsklassen (gemäß DIN 18560)	FE 20	FE 30
Bindemittel	Alpha Halbhydrat	
Druckfestigkeit[L] D 28 (N/mm²)	≥ 25	≥ 35
Biegezugfestigkeit[L] BZ 28 (N/mm²)	≥ 4	≥ 6
Ausbreitmaß nach DIN 18555 ohne Schockan (mm)	24 - 25cm	
Schwinden, Quellen nach DIN 4208 (mm/m)	< 0,15	
Wärmeleitzahl	~ 1,4 W/mK	
Temperaturausdehnungskoeffizient	~ 0,01 mm/mK	
Elastizitätsmodul	27 - 30.000 N/mm	
Dichte (kg/dm³)	trocken: 1,9	
	nass: 2,2	
Materialbedarf (kg/cm/m²)	ca. 20	
Mörtelreaktion	frisch: leicht alkalisch	
	ausreagiert: ph-neutral	
Begehbarkeit (nach Stunden)	24	
Teilbelastbarkeit (nach Stunden) (ca 50% d. 28-Tages-Wertes)	48	
Belegereife dampfdichte Beläge	Heiz-Estrich ≤ 0,5%	
(Restfeuchte in Masse-%)	unbeheizt ≤ 0,3%	
Belegereife dampfdurchlässige Beläge	Heiz-Estrich ≤ 0,8%	
(Restfeuchte in Masse-%)	unbeheizt ≤ 1,0%	
Brandschutzklasse	A1 nicht brennbar	

Verbundestrich
Der Estrich ist fest mit dem Untergrund verbunden.

a = Fliess-Estrich
b = Grundierung
c = Untergrund

Estrich auf Trennschicht
Der Estrich ist durch eine dünne Zwischenlage (z.B. Dampfsperre) vom tragenden Untergrund getrennt.

a = Fliess-Estrich
b = Schrenzlage
c = Randdämmstreifen mit kaschierter Folie

Estrich auf Dämmschicht
Der Estrich ist auf eine Dämmschicht, die der Wärme- und/oder Trittschalldämmung dient, aufgebracht.

a = Wärmedämmplatte oder Trittschalldämmung
b = Fliess-Estrich
c = Schrenzlage
d = Randdämmstreifen mit kaschierter Folie

Heizestrich (Warmwasserfußbodenheizung)
Der Estrich liegt auf einer Dämmschicht und wird durch Heizelemente erwärmt. Die Heizelemente können unter dem Estrich liegen (trockenes System) oder im Estrich eingebettet sein (nasses System). Volumenänderungen können den Einbau von Dehnungsfugen erforderlich machen.

a = Rohrhalter / Heizrohr
b = Fliess-Estrich
c = Schrenzlage oder Abdeckung
d = Dämmplatte / Trägerplatte
e = Randdämmstreifen mit kaschierter Folie

Weitere Informationen finden Sie im Internet unter: www.tramira.de

Die Fliess-Estrichpumpe ist aufgebaut, es werden noch Schläuche verlegt, Fahrmischer 28 ist schon herangefahren und bereit zum Ausladen

Einer von zwei baugleichen Fahrmischern ist grade im Werk eingetroffen. Es handelt sich um einen MAN TGA 32.360

Die beiden neuen Fahrmischer mit Beschriftung. Fahrmischer 35 noch ohne Kennzeichen, der Fahrmischer wird in Petershagen-Ovenstädt im zweiten Werk stationiert

Neuer Mercedes-Benz Actros 2632 mit Stetter-Aufbau, grade im Werk angekommen

Zum Feierabend ist der neue Dreiachser schon mit der Beschriftung versehen

Anfang 2005 wurde die Mittelweser Transportbeton GmbH als eine allein durch die TRAMIRA Transportbetonwerk Minden Ravensberg GmbH & Co KG beherrschte Gesellschaft gegründet. Minderheitsgesellschafter waren die Ahe Weser Transportbeton GmbH in Rinteln, die Weser-Frischbeton GmbH & Co KG in Hameln und die TE-BE Transportbeton GmbH & Co in Hessisch Oldendorf. Die Mittelständischen Transportunternehmen hatten 2005 beschlossen, die im Marktgebiet der Mittelweser vorhandenen Ressourcen gemeinsam zu nutzen. Die Geschäftstätigkeit der Mittelweser Transportbeton GmbH bestand deshalb im Kauf und dem Vertrieb von Transportbeton im Raum Mittelweser auf eigene Rechnung, dem gemeinsamen Einkauf von Zusatzmitteln und Zusatzstoffen für die Transportherstellung und der Optimierung der Produktionsstandorte, des Fuhrparks und der Betonpumpenkapazitäten.

Im Jahr 2007 ist die Nienburger Baustoffgesellschaft mbH aus Nienburg zusätzlich Gesellschafter der Mittelweser Transportbeton GmbH geworden. Nach vier Jahren hat die Mittelweser Transportbeton GmbH am 1. Mai 2009 die sechs Werke der Gesellschafter entlang der Mittelweser angepachtet und den Transportbeton auf eigene Rechnung und mit eigenen Mitarbeitern hergestellt. Auch die TRAMIRA Transportbetonwerk Minden Ravensberg GmbH & Co KG hat ihre Anlagen zur Herstellung von Transportbeton in Minden Dankersen und Petershagen an die Mittelweser Transportbeton GmbH verpachtet. Die Fahrmischer und Betonpumpen sind aber weiterhin von der TRAMIRA Transportbetonwerk Minden Ravensberg GmbH & Co KG, aber im Auftrag der Mittelweser Transportbeton GmbH, betrieben worden.

Nach einer fast zweijährigen Zusammenarbeit in der Mittelweser Transportbeton GmbH kam es unter den Gesellschaftern zu Auseinandersetzungen, sodass es zum 1. April 2011 zur Auflösung der Pachtverträge kam. Von der Mittelweser Transportbeton GmbH wird seit diesem Zeitpunkt kein Transportbeton mehr hergestellt oder vertrieben.

Das Mindener Klinikum ist in dem Zeitraum 2005-2006 neu gebaut worden Die Mittelweser Transportbeton GmbH und die Firma Ready-Mix lieferten an den Neubau. Es handelte sich damals um eine der größten Baustellen in der Region. Die Betonlieferung belief sich auf etwa 70.000 Kubikmeter.

Fahrmischer 27 wartet darauf, dass er über eine Betonpumpe, die am Heck des Lkw angebaut und über einen langen Schlauch mit dem Bohrgerät verbunden ist, ins Bohrloch den Beton ausladen kann. Der Schlauch verläuft links am Bohrgerät

eichter Schneefall: er Fahrmischer 29 dt mit einer zusätzlich ngebauten Rutsche ins ohrloch aus

roßmastpumpe 36 etoniert eine Saubereitsschicht beim eubau des Klinikums linden, Mischer 32 efert den Beton. Im intergrund ist PUMI 4 in voller Auslage n Pumpen

UMI 23 betoniert nen Fahrstuhlschacht, ahrmischer 29 lädt aus, ahrmischer 32 wartet arauf, dass er an der UMI ausladen kann

Größere Betonlieferung für eine Etagendecke an den Neubau des Klinikums Minden, der Beton wird mit einer 52 m Großmastpumpe eingebaut

Fahrmischer 34 lädt aus, Fahrmischer 27 ist als nächster an der Reihe

Pumpe 36 pumpt eine größere Menge Beton in die Sohle bei der DGF in Minden

PUMI ist leer, der Rest Beton wird vom Mischer 27 angeliefert

Baustelle beendet, Mast wird zusammengeklappt

Pumpe 36 ist bereit zur Betonförderung auf die Etagendecke, letzte Vorbereitungen auf der Decke laufen, Mischer 29 ist auch bereit

Sohle für ein Seniorenwohnheim in Lübbecke, Pumpe 36 pumpt den Beton, Fahrmischer 28 lädt aus, Fahrmischer 30 wartet

Fahrmischer Pumpe 24 liefert Beton für eine Etagendecke

ahrmischer 27 ist bereit zum Ausladen, Fahrmischer 26 wartet

3etonsohle für eine Sporthalle in Minden, 35 liefert den Beton, Pumpe 36 fördert den Beton auf die Sohle

Fahrmischer 31 liefert weiteren Beton an die Pumpe

PUMI 23 baut gerade auf, Fahrmischer 35 liefert den Beton

Sohle für einen Biogasbehälter. Damit der Pumpenfahrer etwas sieht, steht er links auf dem Gerüst

ahrmischer 30 und
2 liefern Beton für die
undamente eines
eniorenwohnheims in
übbecke

ecken-Betonasche mit
UMI, obwohl ein Kran
or Ort ist, mit Pumpe
ht es schneller

Die beiden Sohlen im Vordergrund sind fertig. Die Pumpe konnte in der Halle bequem aufbauen und ist noc
mit drei Schläuchen verlängert worden

Fahrmischer 35 liefert Beton für eine Sohle an die Pumpe 36

Der Baum stört nicht

Großflächen-Betonasche
n mehreren Abschnitten,
umpe 36 mit komplet-
er Auslage am Pumpen

Der einzige übrig geblie-
ene 6 cbm Fahrmischer
ei der Betonasche von
undamenten mit Rohr
r eine Schule in Min-
en, im Hintergrund lädt
ahrmischer 30 aus

Aufbau zur Betonasche in einer Fleischfabrik in Bückeburg

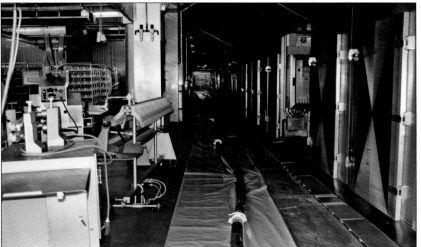

Von der Pumpe ging es mit seitlichem Abgang und 80 m Schlauch durch die Verarbeitungsräume bis zur Stelle, an der der Beton eingebaut werden sollte. Es gab keinen anderen Weg

Der Mast musste angehoben werden, sonst konnte Fahrmischer 32 nicht an den Trichter zum Ausladen

Pumpe 36 beim Fugenvergießen einer Fertigteildecke am neuen WEZ Markt in Porta Westfalica-Hausberge

rneuerung der Kellersohle in einer Schule in Rinteln. Der Mast von der Großmastpumpe 36 wurde in die ür gelegt, von dort ging es weiter mit Schläuchen. Die Belieferung erfolgte nach Schulschluss

Betonasche einer Wand für ein Regenrückhaltebecken in Vlotho, Fahrmischer 29 liefert weiteren Beton für die Wand

Gleiche Baustelle, nur für diese Wand war die PUMI zu kurz, die 36 m Großmastpumpe reicht so gerade aus

Betonasche einer Etagendecke für ein Seniorenwohnheim in Minden

Im Januar 2007 wurde der Stahlgussboden im TEKA Tellermischer durch einen Keramikboden ersetzt. Drei Fahrmischer (26, 30, 34) wurden in diesem Jahr ausrangiert und verkauft. Dafür hatte man zwei neue 4-achser Fahrgestelle von Iveco, einen AD 340 T 36 B mit 360 PS und einen AD 340 T 41 B mit 410 PS, gekauft. Liebherr baute jeweils eine acht Kubikmeter Mischertrommel auf die Fahrgestelle.

Ebenfalls erfolgte die Renovierung des Siebturmgebäudes im Kieswerk. Eine neue Siebmaschine wurde gleich mit eingebaut, da das Dach des Turms freigelegt war. So hatte man einen besseren Zugriff auf die Siebanlage. Durch weiteren Abbau des Geländes kam das Saugschiff näher an die Anlagen. Hierdurch konnte man das Schöpfrad an einen anderen Platz der Bandstraße setzen. Die restliche Bandstraße zum Transport des Materials hatte man zurückgebaut.

Die beiden neuen Iveco Fahrmischer

Fahrmischer 34 im Werk Ovenstädt, der Mischer ist dort auch stationiert

Fahrmischer 26 bei einem seiner ersten Einsätze

Siebmaschine von unten sichtbar

Die Siebmaschine wird langsam per Kran zu Boden gelassen

Quelle: Archiv TRAMIR

Das Saugschiff während der Umbau Zeit des Schöpfrades

Der Autokran schwenkt das Schöpfrad Richtung Tieflader

Quelle: Archiv TRAMIRA

Der Tieflader fährt in die Richtung des neuen Schöpfrad-Standorts

Der Kran ist inzwischen umgesetzt worden und hebt das Schöpfrad vom Tieflader an den neuen Standort

Das Rad schwebt an den neuen Standort und wird von einem Mitarbeiter entgegen genommen. Das Band rechts dient zum Transport des Materials zum Vorsilo im Hintergrund

Quelle: Archiv TRAMIRA

ahrmischer 27 bei
er Auslieferung von
eton für eine Sauber-
eitsschicht in Minden

Die Rutsche ist bis
um oberen Punkt hoch
edreht, es konnte nur
och der Trichter mit
ohr angebaut werden

Der erste Beton für die Sohle eines weiteren Kornsilos in Minden ist durch die 36 Meter Pumpe eingebaut worden

Wenn große Beton-aschen anstanden, wurd PUMI 23 zur Beton-lieferung eingesetzt, sofern kein Pumpenauf-trag vorlag

Wegen des ständigen Durchfahrens der kleinen Pfütze vor dem Mischer weichte der kurze Anfahrtsweg zur Pumpe auf

Mit Schläuchen ging es im Silo weiter, etwa die Hälfte ist betoniert. Der Beton wird bis auf die Höhe der Schalung eingebaut

Es wird eine größere Menge Beton für eine Sohle einer Dreifach-Sporthalle in Minden benötigt

Der Beton wird mit einer 42 m Großmastpumpe eingebaut. Die Pumpe kam von der Firma Dörgeloh

36 m Großmastpumpe bringt den Beton für ein Windradfundament ein

m Mai wurde ein neuer 4-achser Iveco AD 340 T 36 B mit 360 PS und Automatikgetriebe und mit einer acht Kubikmeter Mischertrommel von Liebherr direkt vom Liebherr-Werk in Bad Schussenried geholt. Die im Jahr uvor geholten Fahrmischer waren bei der Abholung schon zugelassen, aber dieser neue konnte nicht ange- neldet werden, weil der Fahrzeugbrief noch nicht bei TRAMIRA eingetroffen war. So ist man an einem Sonn- ag nach Bad Schussenried gefahren, um den neuen Fahrmischer am Montagmorgen mit roten Kennzeichen zu berführen. Doch es kam anders. Bei der Abfahrt in Minden wurde noch mal gefragt, ob man alles für die Abho- ung des neuen Fahrmischers dabei hat, Antwort: ja! Am nächsten Morgen in Bad Schussenried stellte man leichwohl fest, dass die Kennzeichen vergessen worden waren. In Bad Schussenried wurden alle Hebel in Bewegung gesetzt, um ein Kurzkennzeichen für den neuen Fahrmischer zu bekommen, nach einigen Telefo- aten konnte der Fahrmischer dann auch mit einem solchen überführt werden.

Der neue Fahrmischer wurde mit einem Kurz- kennzeichen von Lieb- herr geholt

Der neue Fahrmischer bei seinem ersten Einsatz

Hatte man nicht genug Fahrmischer zum Auslie fern des Betons, musste PUMI 24 ran

Der Mast konnte nicht ganz in die Halle einge- führt werden, deshalb kamen die neuen Schläu che mit 75er Durchmes- ser zum Einsatz

Etagendecke für ein Seniorenwohnheim

asselbe Wohnheim diesmal bei der zweiten Etagendecke. Die Pumpe musste einmal umbauen

ahrmischer 27 bereit zum Ausladen für eine Sauberkeitsschicht

Letzte Vorbereitungen zum Pumpen, die Pump muss nur noch eingeölt werden

Die Mastlänge der Pum reicht grade so aus

Fundamente für ein Wohnheim in Bad Oeyr hausen-Volmerdingsen werden gepumpt

Der erste Beton für die ohle ist eingebaut. Fahrmischer 32 lädt aus

ahrmischer 31 bringt en Beton. A- und B-Mast von der Pumpe sind och vor dem Gebäude

n der Kampa-Halle 1 Minden sind die Pfla-tersteine im Eingangs-ereich durch Beton rsetzt worden. Pumpe 6 fuhr soweit vor, dass er Mast nach hinten nter das Vordach aus-elegt werden konnte

PUMI 23 pumpt mit voller Auslage zur Seite. Der ausgeklappte Mast reichte nicht bis zur Betonsohle, er ist noch mit drei Schläuchen verlängert worden

Pumpe 36 pumpt einen Hallenboden in Porta Westfalica, der Mast konnte nicht in die Halle eingeführt werden, so nahm man noch Schläuche

PUMI 24 betoniert in einem Umspannwerk über zwei Transformatoren hinweg

Im August 2009 wurde ein neuer MB 4-achser Actros 4144 als PUMI mit Dreiknick-Verteilermast 20 mit Meter Auslage als Kolbenpumpe von Putzmeister (Typ 24.87 S) und sechs Kubikmeter Mischertrommel von Liebherr angeschafft. Die PUMI wurde durch den Fahrer in der Putzmeister Niederlassung Essen abgeholt. Die neue Maschine ersetzte die Rotorpumpe. Außerdem wurde der Fuhrpark mit einem 4-achser MAN TGS 32.360 mit 360 PS und acht Kubikmeter Stetter-Aufbau ergänzt worden. Der Fahrer holte den Fahrmischer in Memmingen bei Stetter ab. Beide Fahrzeuge erhielten eine neue Farbgebung, weißes Fahrerhaus, weiße Trommel (Ral 9147 PUMI), (Ral 9010 Fahrmischer), blaue Streifen (Ral 5015).TRAMIRA stellte damit die Hausfarben um. Im selben Jahr erfolgte der Baubeginn der Nordumgehung Bad Oeynhausen: Brücke Eidinghausenerstraße, Flutbrücke, Fußgängerbrücke in Eidinghausen, Brücke Ackerstraße. Für alle Brücken bekam TRAMIRA den Auftrag zur Lieferung des Transportbetons. Im November erhielt die Mittelweser Transportbeton den Auftrag für die Lieferung des Betons bei den Schrägseilbrücken in Dehme und Löhne.

Hier steht die neue PUMI noch in der Putzmeister-Niederlassung Essen zur Abholung bereit

Quelle: Hans-Christian Anderson

Die neue PUMI, lackiert in den neuen Hausfarben, fährt auf den Hof. Der Fahrer holte sie von Essen selber ab

Fahrmischerpumpe
steht auf dem Hof in neuer
Farbgebung

Ein weiterer Einsatz der
neuen PUMI

Quelle: Archiv TRAMIR

wischen den beiden Häusern wird der Mast lang gemacht und ausgeklappt

Quelle: Archiv TRAMIRA

ie PUMI benötigt nicht viel Platz zum Aufbauen

Quelle: Archiv TRAMIRA

Der neue Fahrmischer fährt auf den Hof, noch ohne die blauen Streifen ...

... die er hier inzwischen erhalten hat

Fahrmischer 32 liefert Beton für das Fundament

Fahrmischer 32 lässt den Beton in den Bohrpfahl

Für eine Brücke der Nordumgehung werden Bohrpfähle in die Erde gebohrt und mit Beton verfüllt.
Fahrmischer 32 ist soeben am Bohrpfahl angekommen

ahrmischer 28 hängt eine Rutsche zum Ausladen an, Mischer 32 fährt aus der Baustelle heraus

ahrmischer 27 steht vor dem alten Casino in Bad Oeynhausen, der Vorplatz wurde erneuert

Hier wird die Bodenplatte für einen Schweinestall gegossen

In einer Halle soll ein Fundament für eine größere Maschine neu gemacht werden. PUMI 24 steht in der Halle und fängt an aufzubauen ...

. die Höhe der Halle reicht, um den Mast auszuklappen

Im Februar ist ein neuer 4-achser MAN TGS 32.360 mit 360 PS und acht Kubikmeter Stetter Aufbau in neuer Farbgebung vom Stetter Werk in Memmingen durch den Fahrer geholt worden. Im Lauf des Jahres sind für die beiden Schrägseilbrücken vier große Fundamente betoniert worden. In Dehme sind pro Fundament 1000 cbm Beton eingebaut worden. In Löhne waren es 1600 cbm pro Fundament, weil die Brücke 300 Meter lang ist.

In Kooperation mit der Firma Smartstone aus Minden wurde ein Spezialbeton als Grundlage für einen Stempelbeton entwickelt. Beim Stempelbeton wird Beton als Grundmaterial verwendet, um monolithische Natursteinoberflächen farbig herzustellen. Stempelbeton hat sich seit vielen Jahren weltweit bewährt. In Schweden, England, Frankreich und Italien hat sich die Betonstruktur-Prägung als Alternative zu den herkömmlichen Pflastersystemen etabliert. Traditionelle Pflastersysteme wie Naturstein, Beton und Klinker sind anfällig für Absenkungen, Ausblühungen, Frostschäden und Unkrautwuchs. Mit Stempelbeton gehören diese Probleme der Vergangenheit an.

Mit Stempelbeton fertigt Smartstone eine monolithische beziehungsweise fugenlose Fläche, die durch Prägung ihre Struktur erhält. In regelmäßigen Abständen werden Sollrissfugen in die Betonfläche eingeplant, damit die Fläche vor Rissbildung geschützt ist.

Eine zusätzliche Einstreuung auf dem Spezialbeton verbessert die Abriebeigenschaften im Vergleich zum herkömmlichen Betonpflaster um bis zu 33 Prozent. Durch die abschließende Versiegelung wird die Fläche vor Verunreinigung geschützt und der Pflegeaufwand auf ein Minimum reduziert. Die Anwendungsbereiche sind vielfältig: in historischen Zentren, auf Strassen, Plätzen, Gehwegen, Boulevards, Parkplätzen, Friedhöfen, Innenhöfen, Rampen, Scheunen, Terrassen, Schwimmbädern, Einkaufszentren etc.

Das Materiallager ist von einer Schneedecke bedeckt   Quelle: Archiv TRAMIRA

Es rollt kein Fahrmischer
vom Hof

Quelle: Archiv TRAMIRA

Der Tannenbaum thront
über dem Firmengelände

Quelle: Archiv TRAMIRA

Trotz Schnee können
einige Kunden nicht auf
Beton verzichten

Quelle: Archiv TRAMIRA

Stützpfeiler für eine Fußgängerbrücke für die Nordumgehung Bad Oeynhausen

Fahrmischer 27 liefert für den Stützpfeiler den ersten Beton

Betonasche einer Flutbrücke für die Nordumgehung

Großbetonasche für ein
undament für eine von
wei Schrägseilbrücken
ir die Nordumgehung
ad Oeynhausen.
n das Fundament gehen
000 cbm Beton.
Geliefert wurde von
wei Betonwerken

Der Beton wird mit einer
6 Meter und 42 Meter
Autobetonpumpe einge-
aut. Die 36 im Vorder-
rund stellte TRAMIRA,
ie 42 im Hintergrund
am von Dörgeloh

Das gegenüberliegende
undament für die
rücke in Bad Oeyn-
ausen-Rehme soll beto-
iert werden Die Pumpe
on TRAMIRA hat
chon aufgebaut, die
weite Pumpe von Dör-
eloh baut gerade auf

Quelle: Archiv TRAMIRA

Auch in dieses Fundament gehen 1000 cbm Beton

Quelle: Archiv TRAMIR

Die Fußgängerbrücke über die Nordumgehung wird betoniert

Neuer Fahrmischer auf dem Weg zum TRAMIRA Werk

Der Fahrmischer am nächsten Morgen auf dem Platz

Das erste Großfundament für die 300 m lange Schrägseilbrücke in Löhne wird betoniert. In dieses Fundament gehen 1600 cbm Beton. Es wird von drei Betonwerken geliefert
Quelle: Archiv TRAMIRA

Ein Teil der Brückenpfeiler zur Aufnahme der Stahlträger für die Fahrbahn sind betoniert
Quelle: Archiv TRAMIR

Das zweite Fundament in Löhne wird betoniert, auch hier gehen 1600 cbm Beton hinein

Quelle: Archiv TRAMIRA

Die Baustelle ruht

Quelle: Archiv TRAMIRA

Fundament Betonasche mit Radlader, der Fahrmischer passte nicht durch das Tor

Ein neuer Hallenboden wird eingebaut, PUMI 23 hat B- und C-Mast in die Halle geschoben, Fahrmischer 27 ist bereit zum Ausladen

So sieht das von Innen nach Außen aus

Mit acht Schläuchen ging es in der Halle weiter

Bei Anker Umschlag in Minden wird eine neue Rampe betoniert, der Fahrmischer hat zum Ausladen alles angebaut was er hat, außer das mitgeführte PVC Rohr

In einer Lagerhalle für Getreide in Hille wird eine neue Sohle eingebaut, die Hälfte des C-Mastes von der PUMI wurde in die Halle geschoben

Betonasche von einem Hallenboden in einer Fleischfabrik in Bückeburg. Die gesamte Mastlänge der Groß-mastpumpe und 80 m Schläuche wurden benötigt, um den Beton einzubauen

Anfahrt zum Ausladen leicht erschwert, der Fahrmischer wurde mit dem Traktor in die Baustelle gezogen

Die Anfahrt wird nicht leichter

Auch die Ausfahrt wird nicht leichter, eine kleine Erhöhung muss überwunden werden

So schön kann Beton sein

Quelle. Archiv TRAMIRA

Der Neubau der Schachtschleuse in Minden beginnt. Den Auftrag zur Lieferung des Transportbetons hat die TRAMIRA zusammen mit der Cemex bekommen. Aus den Werken der TRAMIRA in Dankersen und Oventädt und aus dem Werk der Cemex in Windheim soll der Beton bei den großen Betonaschen der Schleusensohle zusammen geliefert werden. Auf der Baustelle wurden in den ersten Monaten des Jahres die Bohrpfähle zur Sicherung der Baugrube an der alten Schleuse betoniert.

Die TRAMIRA kauft zur Optimierung des Einsatzes von Betonpumpen bei Putzmeister eine 24 m Viernick-Verteilermastpumpe (Hallenmeister) Typ 24-4.14 H auf einem 3-achser MB 2632 6x4 Fahrgestell. Die Hallenmeister ersetzte die PUMI, die 2003 von Thomastal mit übernommen wurde. Die neue Pumpe ist ein Spezialgerät zum Betonpumpen in vorhandenen Gebäuden. Im März wird ein gebrauchter Volvo Dumper A 25 C gekauft. Der Dumper dient innerhalb des Werkes zum Transport von Abraum, Sand und Kies. Der Dumper löst einen 3-achser MAN 26.281 6x6 Kipper ab. Im April wird die marode Waagenbrücke im Kieswerk ersetzt. Die Waage war als Balkenwaage konstruiert. Die Balken waren Stahlträger, die stark korrodiert waren. Dadurch konnten die Messergebnisse der Waage nicht mehr in der erforderlichen Genauigkeit zur Verfügung gestellt werden. Die neue Waagenbrücke wurde auf vier digitale Kraftmessdosen gesetzt. Mitarbeiter des Kieswerkes bauten den Rahmen für die Platte, die Firma Rosemeier aus Porta Westfalica-Vennebeck führte den Bau der neuen Waagenbrücke aus. Zunächst wurden zwei Unterzüge eingeschalt und betoniert, am nächsten Tag wurde die Waagenplatte auf die Unterzüge geschalt und betoniert. Um die neue Waagenbrücke an ihren Ort zu setzen, kam ein 160 t Kran der Firma Franz Bracht zum Einsatz, er hob die alte Waage aus ihrer Position und setzte die neue wieder ein.

Im Juni wurde der Fuhrpark um einen weiteren Fahrmischer ergänzt. Bei Liebherr in Bad Schussenried wurde ein neuer 4-achser Betonmischer abgeholt. Es handelt sich um einen MAN TGS 32.400 mit einer acht Kubikmeter Mischertrommel in Leichtbauweise. Der Fuhrpark umfasste jetzt wieder neun Fahrmischer, eine Hallenmeister, eine PUMI und einer 36 Meter Großmastpumpe.

Im Juli ist ein zehn Kubikmeter Betonmischer bei TRAMIRA getestet worden, es handelte sich um eine MAN 18.440 4x4, 2-achs Sattelzugmaschine mit einem 2-achs Betonmischauflieger mit zehn Kubikmeter Stetter Aufbau. Das gleiche Auto wurde im September auch noch mit einem Aufbau von Liebherr getestet.

Im darauf folgen Monat beginnt der Rohrvortrieb unter der B 482. Die Firma Wöhler aus Porta Westfalia-Veltheim hat zur Vorbereitung Boden ausgekoffert und mit Recyclingmaterial wieder aufgefüllt und fest gewalzt. Die Befestigung dient dann als Zufahrtsweg für das neue Abbaugelände.

Die Firma Wilhelm Becker aus Minden spundete auf der Westseite der B 482 die Startgrube für den Rohrvortrieb in der Größe von 6x6 Metern ab, so dass kein Erdreich nachrutsche konnte. Die Startgrube wurde 2,00 Meter tief ausgehoben. Da die Leitungen mit einer Steigung von einem Prozent verlaufen, brauchte der Boden für die Zielgrube auf der Ostseite nur einen halben Meter abschoben werden. Die Firma Spezialtiefbau Frömert GmbH aus Werther führte einen Pilotrohr-Vortrieb durch. Der Pilotrohr-Vortrieb ist ein mehrstufiges Vortriebsverfahren. In der ersten Stufe wird ein steuerbarer Pilotstrang durch Bodenverdrängung eingebracht. Die Darstellung der Pilot-Spitze erfolgt über einen Monitor. Richtungsänderungen können durch Drehen des Pilotrohres im Startschacht vorgenommen werden. Danach werden Stahlrohre durchgepresst, in den Stahlrohren befinden sich Schnecken, die den Boden in den Startschacht befördern. Gleichzeitig werden die Pilotrohre herausgepresst. In der dritten Stufe wird das Stahlrohr durch das Produktrohr gepresst und entnommen.

Am 30. August 2011 wurde das letzte Mal auf der Ostseite mit dem Saugschiff Material gefördert. Die Firma Franz Bracht aus Herford rückte mit einem 160 to. Autokran an, und versetzte das Schöpfrad an den neuen Standort. Der befindet sich in unmittelbarer Nähe der Vortriebsrohre an der B 482. Die vorhandene Förderbandstraße wird umgebaut und bis zum Schöpfrad verlängert.

Die Firma Autorent aus Minden schickte zum Herausheben des Saugschiffes aus dem Kiesteich einer 220 to. und einen 140 to. Autokran. Erst wurde das Vorschiff mit einem Gewicht von zehn Tonnen von einem Kran an Land gesetzt, im Anschluss daran haben beide Krane das Saugschiff mit einem Gewicht von 32 Tonnen aus dem Wasser geholt. Das Saugschiff wurde an Land überholt, ein neuer Unterwasser-Anstrich war erforderlich. Die Motoren sind ausgebaut und überholt worden. Die Firma Wöhler hat den Mutterboden auf der Westseite abgebaggert und auf die Ostseite transportiert, der darunter liegende Abraum wird bis auf die Rohstoffschicht abgetragen und auch zur Ostseite gefahren. In die Rohstoffschicht wird im Jahr 2012 eine kleine Wasserfläche für das Saugschiff gebaggert.

An der Nordumgehung Bad Oeynhausen werden die Fahrbahnplatten bei den Brückenbauwerken 4 und 29 (Schrägseilbrücken) betoniert. Am neuen Busbahnhof in Minden erhalten sämtliche Busfahrspuren eine Fahrbahndecke aus Schwarzbeton um Spurrillen zu vermeiden. Es handelt sich dabei um einen Splittbeton Korngröße 22 mm und LP (Luftporenbildner) für Frost- und Tausalzwiderstand und mit einem hohen Anteil von schwarzer Farbe.

Im Oktober kaufte man einen gebrauchten Komatsu Bagger PC 240 NLC-6K Bj. 2000, 23,900 KG und 118KW = 160 PS, der Bagger ist im November ausgeliefert worden.

Am 31. Dezember 2011 sind **3.431.820 m³** Beton von der TRAMIRA produziert worden. Ein kleiner Ausblick ins Jahr 2012: Das Saugschiff wird ins neue Abbaugebiet per Tieflader gebracht und kann dort mit der Materialförderung beginnen. Im Frühjahr wird der erste zehn Kubikmeter Betonmischer von TRAMIRA in Dienst gestellt, es handelt sich um eine 2-achs Zugmaschine von MAN mit einem Betonmischauflieger von Stetter mit zehn Kubikmeter Fassungsvermögen. Bei der Schleuse in Minden werden die ersten Sohlen und Wände betoniert.

Baubeginn für die neue Schachtschleuse in Minden. Im Hintergrund ist die alte Schleuse zu sehen. Der Betonmischer wartet darauf, dass er am Bohrgerät ausladen kann

Die letzten Meter für den Bohrpfahl müssen noch gebohrt werden, der Beton steht schon bereit. Im Hintergrund die Rückseite der alten Schleuse

Mit Kleinem Schlauch (65 Durchmesser) wird der Beton unter Wasser eingebaut. Betonasche beendet, der Taucher ist wieder an Land

Die Hallenmeister mit neuer TRAMIRA-Beschriftung. Es handelt sich um einen Mercedes Benz Actros 2632 6x4

Der gebrauchte Dumper nach der Anlieferung, später wurde er restautiert

Dieser MAN 26.281 6x6 wurde durch den Dumper abgelöst

Die Lagerböcke für die Waagenbrücke werden betoniert

Der erste Beton fällt auf die Waagenbrücke

Der Kran ist bis auf wenige Zentimeter an die Mauer herangefahren

Vorbereitungen des Autokrans zum Aus- und Einheben der Waagenbrücken. Der Mast passte zwischen Steigeband und dem Band zum Passivlager gerade so durch

Man kann das Waagengestänge in der Grube sehen

Die alte Waagenbrücke erhebt sich aus ihrer Position. Das Gewicht der Waagenbrücke beträgt 40 t.
Die letzten Zentimeter, und die Waagenbrücke ist in ihrer Position

Ein nagelneuer Fahr-
mischer wird im Lieb-
herr Werk in Bad Schus-
senried abgeholt

Vorführwagen von
Stetter. MAN 18.440
BLS mit zehn Kubikme-
ter Betonmischauflieger

Aufbau der PUMI für
eine Sauberkeitsschicht
für einen Hallenboden
bei der Firma Follmann
in Minden

Der erste Einsatz des neuen Mischers. Rechts: Ein Vorführwagen von Liebherr bringt Beton zur Tiefgaragenaufahrt der Volksbank Minden am ZOB

Der Stahlmast für die Aufnahme der Stahlseile ist für diese Betonasche nicht im Weg. An dem grünen Gerüst hängt der Schalwagen, auf der die Fahrbahn betoniert wird

Oben: Der Schalwagen von unten zu sehen. Links: Betonlieferung für die Fahrbahn der Schrägseilbrücke in Bad Oeynhausen

Hallenmeister mit dem neuen Fahr-
nischer im Einsatz, es wird eine neue
Etagendecke im Haus betoniert.
Der D-Mast ist durch die Balkontür
ins Haus geschoben und mit einem
Schlauch verlängert worden

Die Ramme hat Teile der Spundwände in die Erde gerammt, sie will gerade eine neue Spundwand zum Rammen aufnehmen

Quelle: Archiv TRAMIRA

Ein neues Rohr ist in die Halterung hineingelegt und ausgerichtet, sodass es mit dem anderen Rohr verschweißt werden kann

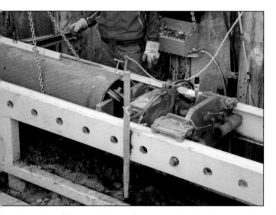

An der Wand hängt die Bedienung für die Presse. Die Rohre sind auf der anderen Seite angekommen

Der neue Standort für das Schöpfrad wurde ausgehoben, damit die Rohre nur verlängert werden müssen und nicht noch ansteigen mussten. Die Standfläche des Schöpfrades wird betoniert

Quelle: Archiv TRAMIRA

Der Kran hat das Schöpfrad angehoben, mit dem Wasser vom Fahrmischer wird die Unterseite des Rades gereinigt

Der Kran baut wieder auf, mit dem Kipper wird das Kontergewicht für den Kran gefahren, denn auf dem Tieflader steht ja das Schöpfrad

Das Schöpfrad schwebt zum neuen Standort. Der Mast des Krans kommt mit der Stromleitung nicht in Berührung, der Strom war allerdings auch abgeschaltet

Quelle: Archiv TRAMIRA

Das Vorschiff wird vom Hauptschiff gelöst

Das Vorschiff (10 t) wurde an seinen Renovierungsplatz geschwenkt und herabgelassen

Beide Krane heben das Saugschiff mit einem Gewicht von 32 t aus dem Kiesteich

Der Mitarbeiter nimmt nocheinmal Maß, ob das Saugschiff auf den Stellplatz passt

Quelle: Archiv TRAMIRA

Das Saugschiff ist von den Muscheln bereits befreit worden. DieRenovierung kann beginnen

Mutterboden wird abgebaggert und verladen

Quelle: Archiv TRAMIRA

Der Schwarzbeton rutscht über die Drehrutsche des Fahrmischers in den Trichter der Betonpumpe

Der Beton wird auf der Fläche mit der Betonpumpe verteil

Eine Bodenplatte für einen Rundbehälter wird betoniert

Quelle : Archiv TRAMIRA

Links: Das 5 m Rohr dient zur Verlängerung in die Wand, damit der Beton nicht von oben in die Schalung fällt. Oben: Hier kann man gut die Breite der Wand erkennen, gegenüber ist ein Behälter schon fertig gestellt

Quelle : Archiv TRAMIRA

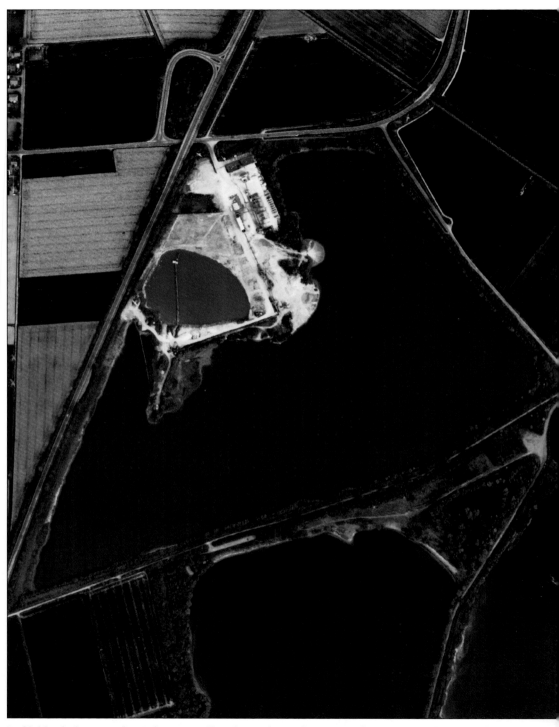

Luftbildaufnahme aus dem Jahr 2009: Alle Fahrmischer stehen im Werk. Der Kiesteich ist ausgebeutet, dort wurde am 30. August 2011 zuletzt gefördert. Links vom Kiesteich mit dem Saugschiff ist das neue Abbaugebiet, das im Frühjahr 2012 angestochen wird

Geobasisdaten: Kreis Minden-Lübbecke, Kataster- u. Vermessungsamt 11-BSN-0151

Hiermit können die anfallenden Baggerarbeiten mit eigenem Personal erledigt werden

DIE GESCHÄFTSFÜHRER DER TRAMIRA

1961-1963	Hermann Hampke	Geschäftführender Gesellschafter
	Diekmann	Bauingenieur
	Köllman	Geschäftsführer im Anschluss
1963-1974	Rudolf Fricke	Geschäftsführer
1974-1975	Wilhelm Büsching	Geschäftsführender Gesellschafter
1976-2002	Heinz Horstmöller	Geschäftsführer
2002-2002	Stephan Becker	Geschäftsführender Gesellschafter
2002-2007	Sascha Wagner	Geschäftsführer
2008-2008	Stephan Becker	Geschäftsführender Gesellschafter
seit 2008	Wilfried Schröder	Geschäftsführer

Weitere Bücher unseres Verlages

Fordern Sie unser Gesamtverzeichnis an mit Büchern über **Autos, Motorräder, Lastwagen, Traktoren, Feuerwehrfahrzeuge, Baumaschinen, Schwertransporte** und **Lokomotiven:**

Verlag Podszun Motorbücher GmbH
Elisabethstraße 23-25, 59929 Brilon
Telefon 02961-53213, Fax 02961-9639900
Email info@podszun-verlag.de
www.podszun-verlag.de

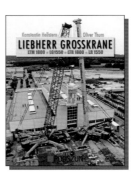

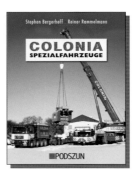

Jahrbuch 2011 — Lastwagen — Bernd Regenberg

Schmitz-Anhänger, Kohlen-Kuli, Fahrzeugbau Ewers, Spedition Keiper, Over u.a.

144 Seiten, 325 Abbildungen
17 x 24 cm, Leinenbroschur
Bestellnummer **570** EUR **14,90**

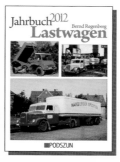

Jahrbuch 2012 — Lastwagen — Bernd Regenberg

Hubwagen und Steiger von Ruthmann, Colobt Silofahrzeuge, Fahrzeugbau Orthaus u.a.

144 Seiten, ca. 280 Abbildungen
17 x 24 cm, Leinenbroschur
Bestellnummer **605** EUR **14,90**

Jahrbuch 2010 — Schwertransporte und Autokrane

DB Schwertransporte, Scammell 100-Tonner 1929, Telekrane, MAN TGA u.a.

144 Seiten, 295 Abbildungen
17 x 24 cm, Leinenbroschur
Bestellnummer **530** EUR **14,90**

Jahrbuch 2011 — Schwertransporte & Autokrane

Vierachs-Geländekrane, Brückentausch mit Sarens und MSL, Knicklenkerkrane u.a.

144 Seiten, 280 Abbildungen
17 x 24 cm, Leinenbroschur
Bestellnummer **571** EUR **14,90**

Die besten Bilder der spannendsten Transporte aus dem Archiv von Thorge Clever.

128 Seiten, 380 Abbildungen
28 x 21 cm, fester Einband
Bestellnummer **476** EUR **24,90**

Schwere Zugmaschinen mit riesiger Ladung in Deutschland und anderen Ländern.

128 Seiten, 360 Abbildungen
28 x 21 cm, fester Einband
Bestellnummer **539** EUR **24,90**

Die Geschichte der Nutzfahrzeuge dieses riesigen Unternehmens, spannend geschildert.

144 Seiten, 255 Abbildungen
28 x 21 cm, fester Einband
Bestellnummer **285** EUR **24,90**

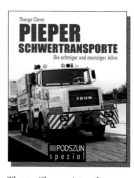

Thorge Clever zeigt und spannende Schwertransporte aus den achtziger und neunziger Jahren.

144 Seiten, 320 Abbildungen
24 x 17 cm, Leinenbroschur
Bestellnummer **615** EUR **14,90**

Die Leistungsfähigkeit und spannende Technik bedeutender schweizer Schwerlastspeditionen.

144 Seiten, 320 Abbildungen
28 x 21 cm, fester Einband
Bestellnummer **555** EUR **24,90**

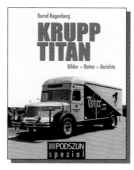

Bernd Regenberg präsentiert zahlreiche zeitgenössische Fotografin aus seinem Archiv.

144 Seiten, 320 Abbildungen
24 x 17 cm, Leinenbroschur
Bestellnummer **616** EUR **14,90**

Umfassende Firmenchronik, technische Highlights, spannende Einsätze.

160 Seiten, 505 Abbildungen
28 x 21 cm, fester Einband
Bestellnummer **480** EUR **29,90**

Die atemberaubende Technik und Geschichte von Scheuerle, Nicolas und Kamag.

180 Seiten, 645 Abbildungen
28 x 21 cm, fester Einband
Bestellnummer **557** EUR **29,90**